畜禽水产品加工新技术丛书

特种经济动物产品加工新技术

第二版

金永国　马美湖　张　滨　主编

中国农业出版社

内容简介

　　本书详实地介绍了鹌鹑、大雁、乌骨鸡、山鸡、鸵鸟、火鸡、野鸭、乳鸽、鹌鹑、鹧鸪、鹿、驴、狗、刺猬、野猪、獭狸、貂、果子狸、蛇、蜗牛、蚕蛹、黄粉虫、蜈蚣等近 30 种特种动物产品加工实用新技术。适于畜禽水产品加工技术人员、生产管理人员、专业养殖合作社、大中专院校师生阅读使用，也可作为农业产业化畜禽水产品加工企业和职业技术学院的培训教材。

本书编审人员

主　编　金永国　（华中农业大学）

　　　　马美湖　（华中农业大学）

　　　　张　滨　（长沙环境保护职业技术学院）

副主编　刘丽莉　（河南科技大学）

　　　　黄小波　（长沙环境保护职业技术学院）

参　编　（按姓氏笔画排序）

　　　　于美娟　（湖南农科院农产品加工研究所）

　　　　杨素芳　（湖南师范大学）

主　审　谢继志　（扬州大学）

序　言 >>>>>>>>>>>

　　畜产品加工是以家畜、家禽和特种动物的产品为原料，经人工科学加工处理的过程，主要包括肉、乳、蛋、皮、毛、绒等的加工及血、骨、内脏的综合利用。

　　改革开放以来，我国畜产品加工事业取得了很大发展，已成为世界畜产品产销大国，肉类、蛋类、皮毛、羽绒生产总量已多年居世界首位。随着我国社会经济的发展，农业结构的调整和人民生活水平的提高，人们对畜产品的需求和期望越来越高。以市场为导向，以经济、社会和生态效益为目的，以加工企业为龙头的畜牧业产业化进程正在进一步发展壮大。畜产品加工业在国民经济发展中具有举足轻重的地位，对发展和繁荣农村经济、增加农民收入、活跃城乡市场、出口创汇和提高人民生活水平、改善食物构成、提高人民体质、增进人类健康均具重要作用。但是，我国畜产品加工业经济技术基础相对薄弱，必须依靠科技创新，大力推广新技术、新产品、新成果、新设备，传播科学技术知识，提高从业人员整体素质。

　　为适应新形势的需要，2002 年中国农业出版社委托我会组织有关专家、教授和科技人员，在参阅大量科技文献资料的基础上，根据自己的科研成果和多年的实践经验，撰写了《畜产品加工新技术丛书》，分《猪产品加工新技术》、《牛产品加工新技术》、《禽产品加工新技术》、《羊产品加工新技术》、《兔产品加工新技术》和《特种经济动物产品加工新技术》6 种。丛书自 2002 年出版、发行已十个年头了，期间多次重印，受到读者好评。随着我国经济社会和农业产业化飞速发展、科学技术的创新及产业结构调整，畜禽水产品加工领域已发生了深刻的变化，丛书已不能完全客观地反映和满足行业发展的需求，迫切需要修订、调整和增补。为此，经中国农业出版社同意，我会组织撰写了《畜禽水产品加工新技术丛书》，分《猪产品加工新技术》（第二版）、《禽肉加工新技术》、《蛋品加工新技术》、《牛肉加工新技术》、《羊产品加工新技术》（第二版）、《兔产品加工新技术》（第二版）、《乳品加工新技术》、《水产品加工新技术》、《特种经济动物产品加工新技术》（第二版）、《肉制品加工机械设备》和《畜禽屠宰分割加工机械设备》，共 11 本。

本丛书是在 2002 年版基础上的延伸、充实、提高和发展，旨在为从事畜禽水产品加工的教学、科研和生产企业技术人员提供简明、扼要、通俗易懂的畜禽水产品加工基本知识以及加工技术，期望该丛书成为畜禽水产品加工领域最实用、最经典的科普丛书，对提高科技人员水平、增加农民收入、发展城乡经济、推进畜禽水产品加工事业发展和促进畜牧水产业产业化进程起到有益的作用。

本丛书以组建产学研及国际合作编写平台为特色，邀请南京农业大学、华中农业大学、扬州大学、江西农业大学、北京工商大学、天津农学院、国家猪肉加工技术研发分中心、国家蛋品加工技术研发分中心、国家牛肉加工技术研发分中心、国家乳品加工技术研发分中心、卢森堡国家研究院等单位的知名专家、教授以及有丰富经验的生产企业总经理和工程技术人员参与编写，吸取企业多年经营管理经验和先进加工技术，大大充实并丰富了丛书内容。为此，对支持赞助和参与本丛书编写的杭州艾博科技工程有限公司、青岛建华食品机械制造有限公司、福建光阳蛋业股份有限公司、福州闽台机械有限公司、江西萧翔农业发展集团有限公司、青岛康大食品有限公司、上海大瀛食品有限公司、杭州小来大农业开发集团有限公司、内蒙古科尔沁牛业股份有限公司、陕西秦宝牧业股份有限公司和山东兴牛乳业有限公司表示诚挚的感谢。

　　本丛书适于从事畜禽水产品加工事业的广大科技人员、教学人员、管理人员、从业人员、专业户等阅读、参考，也可作为中、小型畜禽水产品加工企业和职业学校的培训教材。

中国畜产品加工研究会

2012 年 11 月

前　言 >>>>>>>>>>

　　随着我国国民经济的发展和人民生活水平的不断提高，绿色、健康的消费趋势渐成主流，迎合这一消费需求的特种经济动物，如野猪、山鸡等逐渐被市场认可。特种经济动物产品的加工技术需求亦有所增长，鉴于此，本书在2002年出版的第一版《特种经济动物产品加工新技术》的基础上，参考大量特种经济动物产品加工技术的资料，结合生产实际和工作经验修订了此书，具体修订内容如下：

　　1. 对第一版的章节进行重新分类，全书共6章，对近30种特种经济动物产品的加工技术进行了介绍。

　　2. 鉴于鹅、獭兔、甲鱼、蚂蚁等并不属于特种经济动物，在第二版中删除了以上品种的加工技术内容。

　　3. 鉴于本丛书新增了《蛋品加工新技术》，所以在此版中删除了特种禽蛋产品加工的章节。

　　4. 鉴于本丛书新增了《水产品加工新技术》，所以在此版中删除了虾、海鳗、蛤蜊的加工内容。

　　5. 药用动物产品加工中增加了刺猬加工。

　　6. 昆虫类产品加工中增加了蝗虫、蟋蟀、蜈蚣等相关产品的介绍。

　　本书内容简明、实用、通俗易懂，产品加工配方、种类和剂量符合国家法律法规和标准要求，资料数据准确可靠，可以为读者提供可操作的知识和技能。适于畜禽水产品加工技术人员、生产管理人员、专业养殖合作社、大中专院校师生使用，也可作为农业产业化畜禽水产品加工企业和职业技术学院的培训教材。

在本书编写过程中，得到了各编委的积极参与和配合，同时得到主审谢继志教授的悉心指点。在此，向给予本书出版工作大力支持的各有关单位和相关人员表示衷心的感谢！

限于编者水平有限，书中难免有不足之处，敬请读者批评指正。

编　者

2012 年 10 月

目 录 >>>>>>>>>>

第一章

珍稀禽类产品加工   >>>>>

第一节　珍禽肉的屠宰初加工

一、活珍禽的检验检疫

珍禽本义指珍贵的鸟类，在畜产品加工中，包括经济禽类和驯养的保护性禽类。经济禽类如鹌鹑、肉鸽、雉鸡、火鸡、乌鸡、珍珠鸡、野鸭、鹧鸪、孔雀和鸵鸟等，驯养保护性禽类如鸿雁、灰雁、豆雁、丹顶鹤、天鹅、斑鸠、白鹇、苍鹰、花尾榛鸡、白冠长尾雉、红腹锦鸡、大鸨、蓝鸟鸡、鸳鸯、企鹅等保护性禽类。

（一）检验的依据

1. **健康活禽的特征**　凡是待加工的活禽，都应经过一定的检验后才可以进行禽产品的加工。活珍禽的健康特征主要体现在形态表现、精神状态、食欲与粪便等许多方面。

有冠和肉髯的健康珍禽，其冠和肉髯色泽应是鲜红色的，冠直立挺拔，肉髯下垂柔软，双眼圆睁而有神，眼球明亮、灵活，对外界反应敏感，人走近或靠近时，会立即避开。健康珍禽嘴喙紧闭，嘴角干燥，嗉囊内无积水、无积食，觅食积极。两翅紧贴禽体，全身紧密，不蓬乱。羽毛丰富的珍禽，羽毛应整齐而有光泽，尾部高耸，肛门附近绒毛干净整洁，干燥无黏着的粪便，肛门湿润、微红，胸肌丰满，活络有弹性。性格活泼好动，不倦伏角落，腿脚健壮有力，好活动，体温恒定。

2. **病禽的特征**　病禽一般从外部症状观察、鉴别，及时加以妥善处理。有冠和肉髯的病珍禽，其冠和肉髯粗糙、萎缩，色泽暗淡，冠由鲜红色转为淡灰色，或红色渐渐减退。眼无神呆板，紧闭或半闭，似萎靡不振状态。有流泪的现象，眼圈周围有像乳酪般的分泌物。嘴喙间有黏液，或挂在喙端，嗉囊膨胀，有气体或积食而发硬。两翅、尾部下垂。羽毛粗乱蓬松，失去光泽。肛门周围的绒毛粘有污物；黏膜发炎，呈深红色；胸肌消瘦，僵硬而无弹性，颜色变成暗红。腿脚行动无力，步伐不稳，食欲不振，懒于啄食，粪便变为白色或黄绿色。

禽类处理企业，发现上述特征的病禽，应立即采取措施。隔离病禽，单独处理，并对发现病禽的禽群立即处理。对发现病禽的禽舍，在处理完禽群后，立即采取消毒措施，避免交叉感染给禽加工企业带来损失。对于已隔离的病禽，应当及时请兽医诊断鉴别。如为一般性病症，应单独宰杀、处理，高温灭菌后食用；若是急性、亚急性传染病，应无害化处理，避免由于处理不当，造成候宰禽群感染。

（二）检验的方法

1. **大群检验法**　对于收集的大批珍禽，要严格把好检验关。成群的活禽，可以先大群观察，再逐只检查，从看、触、听、嗅四个方面进行。

大群观察首先应该全面观察有无下列情况的珍禽：珍禽的精神状态是否正常，有没有缩颈、垂翅、羽毛松乱以及闭目孤立等不正常的情况。对于有冠的珍禽还可以看冠的色泽有没有变紫发黑。禽的呼吸是否困难或急促，有没有发出咯咯、咕咕、嘎嘎等怪叫声以及气喘的声音。用竹竿略赶一下，看是否有跟不上群、伏地的以及精神萎靡不振和虽吱喝而不动的情况。

2. **个体检验法**　对活禽进行逐只检查的方法是：左手提握珍禽的两翅，先看头部，仔细观察冠有无异常或变色，眼睛是否明亮有神，观察口腔、鼻孔有无分泌物流出，用手靠近活禽眼睛，观察活禽眼睑是否有立即遮挡动作。用右手触摸嗉囊判断是否有积食，挤压时是否有气体或积水的感觉，倒提时，口腔内有无液体流出。拨开胸腹部绒毛，观察皮肤有无创伤，是否有发红、僵硬等现象，同时揣摸胸骨两边，鉴别肥瘦程度。检查肛门张缩情况及色泽。最后将禽提近耳边，轻拍禽体，听其发音是否正常。

二、珍禽的屠宰工艺

根据珍禽个体不同而采用不同的屠宰方法，对操作者没有危险，符合兽医卫生以及优质肉和肉制品的要求。

屠宰加工有手工操作，也有流水线作业。在农村和乡镇小的工厂中，大多是采取了手工和部分机械结合的生产线。正规的大型屠宰加工厂都采取流水线作业，用传送带和吊机移动禽体。这样不但减轻了劳动强度，提高了工作效率，而且可减少污染机会，保证禽肉的新鲜和质量。

（一）候宰

候宰的珍禽都是由各个产区或饲养场运来的，而各个产区或饲养场对家禽的饲养方法和管理方法不同，特别是在旺季珍禽大量上市，加工单位一时屠宰不完，必须进行短期饲养。在喂水时要按照候宰珍禽的多少放置一定数量的水盆或水槽，避免珍禽在饮水时扎堆，禽体受到损伤，甚至相互践踏引起死亡。宰前 3 小时左右要停止饮水，以免肠胃内含水分过多，宰前流出而造成污染。

（二）送宰

经过绝食和停水的珍禽要分批赶运到屠宰车间。赶运前，首先要进行点数，以保证投料数与成品数量相吻合，每批赶运要控制在 500～800 只（根据个体大小而定）。赶运时要轻，不要过急，对过肥或走不动的珍禽要用车跟随，不能用棍棒敲打，以免造成外伤，影响产品质量。珍禽必须分开分别送宰，以保证羽毛颜色的纯洁。

（三）刺杀放血

赶入屠宰间的珍禽，首先一只只挂在吊轨的挂排上，上挂排时，以左手抓住禽的右大腿向上，右手抓住禽头部及嘴部向下，将挂排底部的小钩从珍禽的左鼻孔插入直至右鼻孔，固定头部。然后，使禽的腹部向上，双翅靠入挂排的空隙中，然后再将右大腿的脚部卡入挂排的弹簧卡上，以固定右脚并将禽体拉直，以防珍禽的挣扎。有的企业采用电麻法使大珍禽暂时失去知觉，这样既能保证人员安全，又能保持环境的安静。珍禽宰杀的方法有以下两种。

1. 切断三管刺杀法　切断颈部放血，主要用于野鸡、火鸡等的生产，民间屠宰家禽大多用此法。从颈下喉部切断血管、气管和食管，不需要什么设备就能进行，从禽的下颚颈部处切割，刀口不得深于 0.5 厘米。此法缺点是刀口过大，且外露，细菌和其他污染物容易进入，影响禽体的冷藏保管，同时影响产品美观。

2. 口腔刺杀法　将禽类头部向下斜向固定后，用左手或右手拉开嘴壳，将刀尖伸入口腔，达第二颈椎处（即腭裂的后方），切断颈静脉的联合处。接着退刀，通过腭裂缝处的中央、眼的内侧，用刀尖斜刺延脑，以破坏神经中枢，使其早死，减少挣扎。此法宰杀外部没有伤口，外观整齐，可保持肌肉松弛，放血快而净，不易污染，有利于拔毛，但技术比较复杂，不易掌握，且可能造成放血不良，使颈部淤血。此方法适用于野鸭、鸵鸟等珍禽。

操作时下刀部位要准确，用力要适中。用力过轻，则不能割断血管，达不到屠宰的目的；用力过重，则肌肉切得过深，血液流到皮下则造成颈部淤血。放血时间一般为 6~8 分钟。如果轨道较短，沥血不够充分，也会造成放血不良、不易死透，以致浸烫过程中出现"活烫"，使体表出现过红等不良现象。

(四) 浸烫

珍禽屠宰后要立即浸烫、去毛。浸烫采用热水，利用毛孔热胀冷缩的原理，使毛孔膨胀，羽毛容易拔除，以保持宰后禽体的光洁。浸烫要根据珍禽的品种和月龄适当掌握水温和浸烫时间。

1. **手工浸烫** 手工烫毛的水温，一般火鸡、野鸡等为 62~65℃，对野鸭等羽毛覆盖较厚的温度要稍高一些，一般为 65~68℃，月龄短的珍禽浸烫温度要低。浸烫时间一般为 30 秒钟至 1 分钟。浸烫时，在禽体完全停止呼吸，禽的体温没有散失的情况下，将禽投入烫缸进行浸烫，否则禽体冷了，毛孔紧缩，影响去毛。水温不能过高，浸烫时间不能过久，否则会使皮的肌蛋白凝固，韧性变小，脱毛时容易破皮，并造成脂肪溶解，从毛孔渗出，使表皮呈暗黑色。手工浸烫有两种方法：

(1) **分批浸烫** 也叫搅烫，即在一只大缸或木桶内盛适宜温度的热水，将屠宰后的珍禽一次投入若干只，用木棒在缸或木桶中上下搅拌约 30 秒钟。先提出一只，试将大翅羽毛拔除，如容易脱落，就应逐只将大翅羽毛全部拔除。然后，再搅拌 10 秒钟左右，试看浸烫的程度，如果全身羽毛易拔，说明已恰到好处，可一只只拿到案板上脱毛。水禽的羽毛较厚，吸水较慢，浸烫时可以试拔腹部的丛毛。

(2) **逐只浸烫** 浸烫时提起禽的两脚，将倒悬的禽体全身浸入热水中，上下、左右搅动十多次，使热水渗透毛孔，浸烫以后就可以取出拔毛。逐只浸烫时，与鸡或鸭个体大小相仿的珍禽，一次可以浸烫两只，左右手各提一只，倒提两脚浸入热水中，一只稍稍拉动，即投入热水内，任其浸泡，另一只要上下、左右搅拌浸烫，然后取出脱毛，待这一只拔毛完毕后，泡在水里的另一只也已烫透，一面取出，一面从待烫的禽中另外提一只，按照上述方法，投入水中浸烫。

手工浸烫应掌握水温，有经验的工人一般采用手指测温。手先在冷水中浸一下，然后伸进热水中，如果觉得水烫而皮肤又没有刺激的感觉即可。试水温还有一种方法，即抓住珍禽的颈部，把它的两脚浸入热水中再提起来看，如果两爪伸直，脚上的皮一拉就能脱下，说明温度恰到好处，如果两爪卷曲，说明温度过高，两爪虽不卷曲，但脚的外皮不易拉掉，说明水温过低，应把水温调好，以达到浸烫的要求。

浸烫的水温与珍禽的品种、月龄相关。不宜使用开水浸烫拔毛，因为水温太高，烫得过熟，羽毛黏在皮上，不易拔除，或是连皮撕下，损坏了禽体。这里介绍两个简单的调温方法：一是在珍禽屠宰以后，可用冷水淋湿，然后把它放在沸水中浸泡，因羽毛上淋了冷水，当浸在沸水中时，即降低了水的温度，也有助于吸取热量，达到快速浸烫。二是按沸水和冷水 2：1 的比例混合即可。

2. 机械浸烫 机械浸烫虽有多种形式，但共同特点是可以控制和调节水温，能定时换水，保持清洁卫生。机械浸烫缸或烫槽一般采用蒸汽加热，使水温保持在规定范围内连续进行，所以浸烫的温度要比手工浸烫略低，一般火鸡、野鸡为 58～60℃，野鸭等为 61～65 ℃为宜。珍禽屠宰后，待其死透，而体温还未散尽时，通过吊轨移动珍禽，再手工将禽一只只投入浸烫机，或者通过自动装置将禽一只只地投入浸烫机内进行浸烫。珍禽浸烫时间不能过短，时间过短不能烫透，造成去毛不干净，但时间过长容易烫熟。珍禽羽毛烫透后再传送到打毛机上。

(五) 脱毛

屠宰后的珍禽经过浸烫即可去毛。去毛要求时间短，去毛干净。

1. 手工去毛 手工去毛时，要根据珍禽的种类及羽毛的性能、特点和分布的位置，按顺序进行。翅上的羽片长，根深，要拔除；背毛因皮紧不易破损，可以推脱；胸、腹毛松软，弹性大，可用手抓除；有的珍禽尾部的羽毛硬而根深，且尾部富有脂肪，容易滑动，要用手指拔除；颈部比较松软，容易破皮，要用手握住颈，略带转动，逆毛倒搓。拔毛的顺序有多种习惯，一般是先拔右翅羽，附带推脱肩头毛，再拔左翅羽，同时推脱背毛，然后拔除胸、腹毛，倒搓颈毛，最后拔去尾毛。拔毛时，根据各地习惯，有的在拔除右翅羽、推脱肩头毛之后，随即去颈毛、右翅羽、背毛而至尾毛。

2. 机械去毛 机械去毛同样有多种方法，其特点是去毛快，不损伤皮肤，而且大毛、小毛都可去净，仅有少量翅尖和尾毛残留，需经人工整理。机械去毛的设备，一般在滚筒内装着若干橡皮棍，或者在平板式的打毛机上装有若干相对的轴，轴上装有若干橡皮棍，还有的在金属圆盘上附着有若干橡皮棍。由电动机带动，使两面相对的橡皮棍极速旋转，当浸烫的家禽通过中间空隙的时候，就与禽体羽毛紧密接触，相互摩擦。这种摩擦力超过了禽体毛囊对羽毛的持握力，在不损坏皮肤的情况下，经过机械的操作，在几秒钟内就能把羽毛顺利去除。机械化的浸烫与去毛，减轻了劳动强度，提高了劳动生产率。

（六）拔细毛

经过去毛的珍禽，体表还残留一部分细小的羽毛。为了解决脱小毛工序费时费力的缺点，可在去小毛前使用专用脱毛石蜡先拔一次毛。脱毛用蜡理化指标见表1-1。

表1-1　脱毛用蜡理化质量指标

项　　目		质量指标	
		机用型	手工型
颜色（号）	<	4	4
相对密度		0.90～0.98	1.03～1.06
运动黏度（120℃，毫米^2/秒）		400～600	500～800
滴熔点（℃）		55～70	70～85
针入度（1/10毫米，25℃，100克）≤		15～20	10～15
砷（以砷计）（毫克/千克）	≤	0.5	0.5
铅（以铅计）（毫克/千克）	≤	3.0	3.0

使用石蜡脱毛方法：

（1）将家禽宰杀放血，开水烫后拔掉大根羽毛。

（2）将除去粗毛的家禽浸入熔化好的脱毛蜡中（机械流水线型可能需以水为介质熔化脱毛蜡）。

（3）将满身涂蜡的家禽提出放入清水中冷却。

（4）手工除去家禽身上的蜡壳（蜡壳可回收利用）。

（5）清水清洗家禽，脱毛完毕。

石蜡拔毛是新的拔毛手段，无毒，对人的身体健康没有影响，是当今禽类加工企业采用的必要手段。以前多选用松香脱毛，松香拔毛的优点是去毛快而净，但其熔点高，且含有萜、烯、醛、醇等高等分子有毒物质，存在脱毛后家禽胴体变色、有异味、破损率高、食用后致癌、产品不能出口等问题，所以国家明令禁止使用松香脱毛。

（七）钳小毛

珍禽经过烫、去毛及拔细毛后，全身羽毛基本去净，但仍留有细小绒毛及血管毛，必须再进行一次手工钳小毛才能完成。钳小毛时以右手执镊柄，使刀面与大拇指面平贴，增加夹毛面积，刀面与指面斜度为 15°左右，以左手执禽体，使禽体浮在水面上，用手指将表皮绷紧，使毛孔竖起，右手执拔毛镊从左背尾部开始，逆毛方向经过左腿及翅外侧，直至尾部，然后翻到禽体，从左腹开始，逆毛方向顺序钳到颈根，再从颈根顺毛方向钳到尾部。如此，经过四个来回的钳除，可将全身细毛去除。操作必须按以上顺序依次进行，不得乱钳。钳完一只禽时，同时将禽的脚皮和嘴壳去除，以保持禽体全身洁白干净。

有的珍禽体上往往有一种衰衣毛和苍蝇脚毛，操作时比较困难，必须用贴皮法去除，锥子毛用扬头法钳除。对过烫的鸭子必须加大镊子斜度，皮肤不得绷得过紧，一律采用倒钳。对皮包锥子毛必须用镊子轻轻夹除，防止夹伤皮肤。毛根钳除后，如毛孔留有黑色油脂时，可用刀刃轻轻刮除，此外一律不得用刀刃刮，以免刮伤禽体。钳完的禽体要全面检查一遍，看是否有残毛。

（八）检验验收

钳净小毛的光禽应及时检验验收，不要积压，如生产出口禽时，验收中要把符合出口的初步分出。检验员要检验禽体的小毛是否钳净，检验符合标准的给予验收，不符合标准的一律退回，重新整理。

（九）开膛拉肠

经过浸烫、去毛等工序后，就可以开膛，以便拉肠或取出内脏。开膛的位置要正确，根据不同种的珍禽，开膛方法要符合加工珍禽制品的要求，便于净膛和拉肠的进行。

1. 除粪便　经过去毛、浸烫等工序后的珍禽，内脏还留在腹腔之中，禽肠还有遗留的粪污，必须清除才便于工人的操作，避免在开膛拉肠的时候粪便污染禽肉。操作时将禽体腹部朝上，两掌托住背部，以两指用力按捺禽的下腹部向下推挤，即可将禽粪从肛门排出。但对于小的珍禽，开膛的方法不同，许多步骤可以省掉。

2. 洗淤血　钳净小毛后的禽体在清水池内洗去瘀血。一手握注头颈，另一手的中指用力将口腔、喉部或耳侧部的淤血挤出，再抓住禽头在水中上下、左右摆动，把血污洗净，同时顺势把嘴壳和舌衣拉出。

3. 开膛　开膛的方法很多，一般有腋下开膛和腹部开膛两种方法。腋下开膛的珍禽主要是加工成为珍禽全胴体制品。根据禽制品加工的要求，应采取翼下开膛法取出内脏，以便在烤、烧、腌、卤时能在腹腔内放入调味料，同时油脂和肉汁也不易流失，有利于保持原来的香味。开膛时从右翅下肋窝处切开长约 3 厘米的切口，再顺翅割开一个月牙形的口，总长度为 6～7 厘米即可。因为家禽的食管等器官偏向右方，所以从右翅开出刀口操作比较方便。在开割时必须注意将右翅下缘内部的腱带（俗称筋）割断，但不要割断肋骨，因为腱带有韧性，对肌肉起伸缩作用，如割不断，则肌肉较紧，刀口张不开，不便拉内脏。如割断肋骨，骨上有尖刺，手指伸进拉内脏时，容易刺破皮肤，也不利于操作。另一种方法是腹部开膛。操作时用刀尖或剪刀从肛门正中切开，刀口长度约为 3 厘米，以便于食指和中指伸入拉肠。还有一部分珍禽，从肛门至胸骨尾端处，沿正中剖开，刀口 5～6 厘米，除大拇指外，可以伸入四个手指取出内脏。

珍禽在开膛后，根据加工产品的不同，拉肠或取出内脏有以下几种形式：

（1）全净膛　即除肺、肾外，将珍禽的内脏全部拉出的胴体。凡是腋下开膛的珍禽都是全净膛。操作时各地有多种方法，一般是先把禽体腹部朝上，右手控制禽体，左手压住小腹，以小指、无名指、中指用力向上推挤，使内脏脱离尾部的油脂，便于取内脏。随即左手控制禽体，右手中指和食指从腋下的刀口处伸入，先用食指插入胸腔，抠住心脏拉出，接着用两指圈牢食管，同时将与肌胃周围相连的筋键和薄膜剥开，轻轻一拉，把内脏全部取出。对腹下开膛的全净膛珍禽，一般是以右手的四个指头侧着伸入刀口触到禽的心脏，同时向上一转，把周围的薄膜剥开，再手掌向上，四指抓牢心脏，把内脏全部取出。个体较小的珍禽操作方法有所不同。

（2）半净膛　即从肛门处切开长约 2 厘米左右的刀口，拉出肠子和胆囊，而其他内脏仍留在禽的体腔之中的胴体。操作时，使禽体仰卧，左手控制禽体，右手的食指和中指从肛门刀口处伸入腹腔，夹住肠壁与胆囊连接的下端，再向左转，抠牢肠管，将肠子连同胆囊一起拉出。

（3）满膛　活珍禽屠宰后不开膛不拉肠的胴体称为满膛，又称为不净膛，即全部内脏仍留在体腔之中。在屠宰去毛后直接供应市场的光禽就是满膛。这种光禽被再加工企业购去，根据不同的珍禽制品采取各种开膛法。

总之，在净膛拉肠时要注意防止拉断肠管和破裂胆囊。如操作不当拉断了肠管，或是胆囊破碎，就应继续清除肠管，同时要立即用清水冲洗干净，不使肠管或胆汁留在腹内，以免污染禽体，影响肉品质量，小珍禽更应注意。

开膛后的禽体，在腹腔内仍可能留有残余的血污。因此，应在清水中清洗，使禽体内部保持干净，然后将禽体腔中的积水沥尽，再用干净毛巾逐只揩擦，使其不留污秽。

（十）检验与处理

拉肠后的胴体由专职卫检人员进行宰后检验。剔除不合格的次品，将出口商品按出口标准进行分级。

1. 出口处理　卫检人员用装有小灯泡的扩张器，从珍禽体肛门处检查内脏，如发现有下列情况，则进行局部废弃和修整后，仍作出口商品。

（1）轻度破胆，能及时冲洗干净的禽。

（2）轻度少量粪便污染，能及时冲洗干净的禽。

（3）寄生虫引起的局部脏器有坏死点或病变的禽。

（4）腹腔中有凝血，但可以冲洗干净的珍禽。

（5）其他轻微局部病变而对人兽无害的禽。

出口禽应为半净膛，带头、翅与掌，去肠、胆，洗净，禽体外皮肤洁净，无羽毛及血管毛，无擦伤、破皮、污点及溢血。

建议体重4～5千克珍禽分级标准为：一级半净膛，重2千克以上，肌肉发育良好，胸骨尖不显著，除腿翅外，有厚度均匀的皮下脂肪层布满全身，尾部丰满；二级半净膛，重1.8～2千克，肌肉发育完整，胸骨尖稍露，除腿部肋部外，脂肪层布满全身；三级半净膛，重1.6～1.8千克，肌肉不很发达，胸骨尖显著，尾部有脂肪层。

2. 市销处理

（1）发现有放血不良，皮肤呈粉红色的珍禽（皮肤本身呈红色的珍禽除外）。

（2）破胆后，胆汁严重污染，冲洗不净的禽，以及粪便污染，冲洗不净的禽。

（3）腹腔中发现脓肿或有恶臭气味的禽，以及较严重的病变珍禽肉，可进行市销处理。

3. 高温、化制处理　检验中发现有以下情况的珍禽体做高温或化制处理。

（1）伤寒　表现为禽体黏膜苍白，肝脏肿大发绿，表面有灰色斑点，脾脏肿大变形，肾脏异常肿胀，心壁上有大小不同的灰色小结节。

（2）结核　指禽体内某些器官有变色，或有黄色小结节，尤以肝、脾、肠为多，不严重的可列入局部器官病变处理。

（3）出血性败血症　主要病变表现为禽体的皮、腹肌及胸肌呈淡红色，腹部内脏充血，肋间肌肉、心冠脂肪、心膜均有小点出血，心包囊中常积有多量淡黄色液体，肝色深，表面有小白脓点，皮下及腹部脂肪色变深，有肿胀及出血小点，腹膜也有出血点，十二指肠薄膜发炎及出血等。

4. 不合格品　凡有以下现象的珍禽体为不合格商品，不得出口：过瘦（宰前选剔不严所致）、破皮（因操作不慎所致）、受伤（因饲养管理不善所致）、红头（因宰杀不善而瘀血所致）、破胆（因拉肠不慎所致）、血管毛太多（毛不易拔除的禽）、变形（生理畸形、体态不正常的禽）、变色（禽体皮色发黑、发紫及其他不正常色泽的禽）及除以上各项之外的其他现象而不能出口的禽。

（十一）塞嘴与包头

出口的珍禽头部要用纸包好，盖上等级检验章。具体操作是用质韧无味的40克型的油光低的纸张，搓成直径为1.5厘米的塞嘴丸，再用质韧无味的65克型的厚边纸张，裁成长22厘米、宽12厘米的包头纸（鹅包头纸长35厘米，宽20厘米），然后将分好等级的珍禽按级别依序排在架上，使头倒垂，用干净毛巾擦净口腔内污血，并除去舌皮，再将做好的纸丸塞进禽的口腔内，以防腔内流水，然后用包头纸包住禽头。从嘴壳直到后脑第二脊椎处，呈三角形，使之平整、紧密、好看，再按禽体级别在禽头左部盖上商检章，章色不同表示等级不同。另外，在包头之前禽体要造型，即将禽翅、腿，从关节部回折反贴于背部，使之对称平整。折腿时先将腿骨向内一推，再进行回折，防止折断造成废品。

以上工序结束后把禽体挂在轨道架上运到预冷间，市销珍禽经过钳净小毛后，验收合格的可直接挂在轨道架上运送到预冷间。

三、珍禽肉的分割与分级

长期以来，在我国市场上的禽类产品，就光禽而言，仍然局限于整只光禽的供应，至多是在净膛方式上有半净膛和全净膛的不同，是以一种原始的方法将禽类产品供应给消费者。随着人民生活水平的提高以及对食品需求的不断发展，人们已经从过去喜爱购买活禽逐渐发展到购买光禽，进而希望能购买禽类包装产品和禽类的分割小包装产品。现在禽类的分割小包装产品在市场上已经逐渐增多，经常是供不应求。因此，发展和扩大珍禽类分割小包装产品的生产，提高分割小包装产品的质量，适应和满足消费者的需求，是禽产品加工企业和生产者的重要任务。

(一) 珍禽肉的分割

分割珍禽必须注意质量和效益。由于各种因素的影响，珍禽经过分割后一只珍禽的出肉率达不到原有一只活禽的重量，生产企业往往忽视这一点，从而对效益有一定影响。再者，分割珍禽的工序较多，劳动效率较低。

分割珍禽的目的是将禽按部位分割下来，为了提高产品质量，达到最佳的经济效益，必须熟练掌握珍禽分割的各道工序。下刀部位要准确，刀口要干净，按部位包装，分量准确，清洗干净，防止血污、粪污以及其他污染。原料应是来自安全的非疫区，经兽医卫生检验没有发现传染性疾病，宰杀加工符合国家卫生标准要求的禽只。

1. 分割方法　禽的分割国内近几年才开始逐步发展起来的一个产业。对于分割的要求尚无统一的规定，各地根据具体情况规定了分割禽的部位和方法。分割仍然采取手工分割，主要的分割方法可借鉴和参考鹅（鸭）的分割，也可按购买者或经营者的要求予以规定。目前，分割方法有平台分割法、悬挂分割法、按片分割法。前两种方法适合于火鸡、野鸡类的分割。

禽类的分割是按照不同禽类提出不同的分割要求。对于野鸡、火鸡类，由于个体小，可适当地分成更小的分割件数。火鸡、野鸡的分割步骤如下。

(1) 腿部分割　将脱毛、去肠珍禽放于平台，禽首位于操作者前方，腹部向上。两手将左右大腿向两侧整理少许，左手持住左腿以稳住禽体，再用刀分割，将左腿和右腿腹股沟的皮肉割开。用两手把左右腿向脊背拽去，然后侧放于平台，使左腿向上，用刀割断股骨与骨盆之间的韧带，再依顺序将连接骨盆的肌肉切开。用左手将禽体调转方向，腹部向上，禽首向操作者，用刀切开骨盆肌肉（此处接近尾部约3厘米左右），将刀旋转至背中线，划开皮下层至第七根肋骨为止。左手持禽腿，用刀口后部切压闭孔，左手用力将禽腿向后拉开即完成一腿。调动禽体，使腹部向右，禽另一腿向上，用刀切开骨盆肌肉直至闭孔，再用刀口后部切压闭孔，左手将禽腿向后拉开即完成。

(2) 胸部分割　禽首位于操作者前方，左侧向上。以颈的前面正中线，从咽颌到最后颈椎切开左边颈皮，再切开左肩胛骨。同样方法切开右颈皮和右肩胛骨。左手握住禽的颈骨，右手食指从第一胸椎向内插入，然后两手用力向相反方向拉开。

(3) 副产品操作　大翅分割是切开肱骨与禽喙骨连接处，即成三节禽翅，一般称为大转弯禽翅。禽爪分割是用剪刀或刀切断胫骨与麟骨的连接处。从嗉囊处把肝、心、肠全部摘落。摘除肫、嗉带，将肫幽门切开，剥去肫的内金皮，不残留黄色。

（4）大腿去骨分割 禽首位于操作者前方，分左右腿操作。左腿去骨时，以左手握住小腿端部，内侧向上，小腿上部少许斜向操作者，右手待刀，用刀口前端从小腿顶端顺胫骨和股骨内侧划开皮和肌肉。左手持禽腿横向，切开两骨相连的韧带为宜，切勿切开内侧皮肉和韧带下皮肉。用刀剔开股骨部肌肉中的股骨，用刀口后部将胫骨下部肌肉切断，然后再从斩断胫骨处切断。操作右腿时，调转方向，方法与左腿相同。

（5）禽胸去骨分割 首先完成腿分割，禽首位于操作者前方，右侧向上，腹部向左。先处理右胸，在颈的前面正中线，从咽颌到最后颈椎切开右边颈皮，用刀切开鸟喙骨和肱骨的胫骨处2厘米左右，用刀尖顺肩胛骨内侧划开，再用刀口后部从鸟喙骨和肱骨的胫骨处切开肉至锁骨。左手持翅，拇指插入刀口内部，右手持禽颈用力拉开。用刀尖轻轻剔开锁骨里脊肉，再用手轻轻撕下，使里脊肉成树叶状。左胸处理方法是调转方向，操作方法与右胸相同。从咽喉挑断颈皮，顺序向下，留下食管和气管，切勿挑破嗉皮。最后，左手拇指插入锁骨中间的腹内，右手持胫骨用力拉下前胸骨。

2. 分割肉包装 禽类的分割包装，国内采用的主要是无毒聚乙烯塑料膜制成的塑料袋，也有使用复合薄膜包装袋的。国外由于包装材料比较便宜，常采用复合薄膜进行包装。目前，我国多采用托盘包装。

（二）珍禽肉的分级

我国对于光禽的规格和等级，历来没有统一的标准，但各地经营部门都有相应的规格和指标。因此，这里介绍的规格要求和等级标准仅供珍禽产品加工企业参考使用。

1. 市销的规格等级 光禽要求皮肤清洁，无羽毛及血管毛，无擦伤、破皮、污点及瘀血，其规格等级是把肥度和重量结合起来划分。一级品，肌肉发育良好，胸骨尖不显著，除腿、翅外，有厚度均匀的皮下脂肪层布满全身，尾部肥满；二级品，肌肉发育完整，胸骨尖稍显著，除腿部、两肋外，脂肪层布满全身；三级品，肌肉不很发达，胸骨尖显著，尾部有脂肪层。至于按重量分，则各地规格不尽相同。

2. 出口的规格等级 我国出口光禽的等级是有一定标准的。买方有时会提出不同的要求与特殊规定，应以买方的要求为标准。我国出口肉禽的规格等级一般如下。

（1）冻火鸡肉、野鸡肉、鸡肉等 冻半净膛：去毛、头，带翅，留肺及肾，另将心、肝、肌胃及颈洗净后用塑料薄膜包裹，放入腹腔。

冻全净膛去毛、头、脚及肠，带翅，留肺及肾。

特级　每只净重不低于 1 200 克。

大级　每只净重不低于 1 000 克。

中级　每只净重不低于 800 克。

小级　每只净重不低于 600 克。

小小级　每只净重不低于 400 克。

（2）冻分割野鸡肉、火鸡肉、鸡肉等

①冻翅　大级，每翅净重 50 克以上；小级，每翅净重 50 克以下。

②冻胸肉　大级，每块净重 250 克以上；中级，每块净重 200～250 克；小级，每块净重 200 克以下。

③冻全腿　大级，每只净重 220 克以上；中级，每只净重 180～220 克；小级，每只净重 180 克以下。

出口的肉禽，应当在双方协商的基础上，讨论具体的规格要求，卖方应尽量按买方的要求加工并提供样品，具体要求应当在产销供货合同中注明，禽加工企业应当按合同的要求生产，产品符合合同规定的规格等级。

第二节　珍禽肉的储藏保鲜

珍禽肉中含有丰富的营养物质，是微生物繁殖的优良场所，如控制不当，外界微生物会污染肉的表面并大量繁殖致使禽肉腐败变质，失去食用价值，甚至会产生对人体有害的毒素，引起食物中毒。另外，珍禽肉自身的酶类也会使肉产生一系列变化，在一定程度上可改善肉质，但若控制不当，亦会造成肉的变质。珍禽肉储藏保鲜就是通过抑制或杀灭微生物，钝化酶的活性，延缓肉内部物理、化学变化，达到较长时期储藏保鲜的目的。珍禽肉及其肉制品的储藏方法较多，如冷却、冷冻、高温处理、辐射、盐腌、熏烟等。所有这些方法都是通过抑菌来达到长期储藏珍禽肉的目的。

一、珍禽肉的低温储藏

低温冷藏是应用最广泛、效果最好、最经济的方法。它不仅保藏时间长，而且在冷加工中对珍禽肉的组织结构和性质破坏作用最小，被认为是目前肉类储藏的最佳方法之一。

(一) 低温储藏原理

禽肉的腐败变质主要是由酶的催化和微生物的作用引起的。这种作用的强弱与温度密切相关，只要降低珍禽肉所处的温度，就可使微生物和酶的作用减弱，阻止或延缓珍禽肉的腐败变质，从而达到长期储藏的目的。

1. 低温对微生物的作用　微生物需要在一定的温度范围内才能生长、发育、繁殖，温度的改变会减弱其生命活动，甚至使其死亡。在珍禽肉冷加工中主要涉及的微生物有细菌、霉菌和酵母菌，肉是它们生长繁殖的最佳材料，一旦这些微生物得以在肉上生长繁殖，就会分泌各种酶，使肉中的蛋白质、脂肪等发生分解并产生硫化氢、氨等难闻的气体和有毒物质，使珍禽肉失去原有的食用价值。

根据微生物对温度的耐受程度，可将其分成四大类（表1-2），即嗜冷菌、适冷菌、嗜温菌和嗜热菌。

表1-2　不同生长温度下微生物的分类

类别	生长温度（℃）		
	最低温	最适生长温度	最高温
嗜冷菌	<0～5	12～18	20
适冷菌	<0～5	20～30	35
嗜温菌	10	30～40	45
嗜热菌	40	55～65	<80

温度对微生物的生长繁殖影响很大，随温度的降低，它们的生长与繁殖速度降低（表1-3）。当温度降至它们的最低生长温度时，其新陈代谢活动可降至极低程度，并出现部分休眠状态。

表1-3　不同温度下微生物的繁殖时间

温度（℃）	繁殖时间（小时）
33	0.5
22	1
12	2
10	3
5	6
2	10
0	20
-4	60

2. 低温对酶的作用 珍禽肉食品中含有许多酶，一些是珍禽肉中自身含有的，另一些则是微生物在生命活动中产生的，这些酶是食品腐败变质的主要因素之一。酶的活性受多种条件制约，其中主要是温度，不同的酶有各自最适的温度范围。肉类中各种酶最适合的温度是 37～40℃，温度的升高或降低，都会影响酶的活性。一般而言，在 0～40℃范围内，温度每升高 10℃，酶的反应速度将增加 1～2 倍，当温度高于 60℃时，绝大多数酶的活性急剧下降。温度降低时，酶的活性会逐渐减弱，当温度降到 0℃时，酶的活性大部分被抑制。但有些酶对低温的耐受力很强，如氧化酶、脂肪酶等，能耐−19℃的低温。在−20℃左右，酶的活性就不明显了，可以达到长期储藏保鲜的目的，所以商业上一般采用−18℃作为珍禽肉的储藏温度。实践证明，在此温度条件下多数肉类食品在几周至几月内是安全的。

(二) 低温与寄生虫

鲜珍禽肉中可能含有寄生虫，用冻结方法可将其杀灭。在使用冻结方法致死寄生虫时，要严格按有关规程进行。

二、珍禽肉的冷冻储藏

把光禽加工成冻禽，就是让禽肉在低温条件下处于一种特殊的干燥状态，使微生物和酶的活性受到抑制。同时，冷冻有利于保存禽肉的色、香、味和营养成分。冻禽肉的冷加工一般要经过预冷、冻结和冻藏三个过程。

(一) 预冷

预冷一般在冷却间进行。冷却间设有吊挂禽体的挂钩架，屠宰后的光禽就吊在挂钩上。冷却设备一般采用冷风机降温，室内温度控制在 0～4℃，相对湿度 80％～85％，经过几个小时的冷却，禽体内部的温度降至 3℃左右时，预冷阶段即可结束。一般预冷是在吊钩上进行，禽体下垂往往会引起变形。因此，在冷却过程中，需要人工进行整形，以保持禽体美观。

(二) 冻结方法

1. 空气冻结法 是以空气作为冷却介质的一种冻结方法，是生产中最简单的冻洁方法，其特点是经济、方便，但冻结速度较慢。

2. **间接冻结法**　是把肉放在制冷剂冷却的板、盘、带或其他冷壁上，肉与冷壁接触而冻结。

3. **直接接触冻结法**　是把肉和冷冻液或制冷剂直接接触而冻结，接触方法有喷淋、浸渍或两者同时使用，常用的制冷剂有盐水、冰和液氮。

（三）珍禽肉的冻藏

将冷冻后的肉储藏于一定温度、湿度的低温库中，在尽量保持肉制品质量的前提下储藏一定的时间，冻藏条件的好坏直接关系到冷藏肉的质量和储藏期的长短。

1. **冻藏条件与冻藏期限**

（1）**温度**　冻藏温度越低，肉品质量保持越好，保持期限越长，但成本也随之增大。对肉品而言，$-18℃$是比较经济的冻藏温度。近年来，水产品的冻藏温度有下降的趋势，原因是水产品的组织纤维细嫩，蛋白质易变性，脂肪中不饱和脂肪酸含量高，易发生氧化。

冷库中温度的稳定也很重要，温度的波动应控制在$±2℃$范围内，否则会促进小冰晶消失大冰晶成长，加剧冰晶对肌肉的机械损伤作用。

（2）**湿度**　在$-18℃$的低温下，湿度对微生物的生长繁殖影响较小。从减少肉品干耗考虑，空气湿度越大越好，一般控制在$95\%\sim98\%$。

（3）**空气流动速度**　在空气自然对流情况下，流速为$0.05\sim0.15$米/秒，空气流动性差，温度、湿度分布不均匀，但肉的干耗少，多用于无包装的肉制品。在强制对流的冷库中，空气流速一般控制在$0.2\sim0.3$米/秒，最大不能超过0.5米/秒，其特点是温、湿度分布均匀，肉品干耗大。对于冷藏胴体而言，一般没有包装，冷藏库多用空气自然对流方法，如要用冷风机强制对流，要避免冷风机吹出的空气正对胴体。

2. **珍禽肉在冻藏中的变化**

（1）**干耗**　也称减重，是肉在冷藏中水分散失的结果，干耗不但使肉在重量上损失，而且影响肉的质量，促进表层氧化的发生。干耗的程度与空气的条件有关，空气温度高、流速快可加大干耗，因肉制品表层水蒸气压力随温度升高而加大。肉类冻藏中的干耗见表1-4。

温度的波动也会引起干耗的增加，如果把肉储藏在恒定的$-18℃$条件下，每月水分损失0.39%，如温度波动在$±3℃$，则每月水分损失为0.56%。

包装能减少干耗$4\%\sim20\%$，这取决于包装材料和包装质量。包装材料与肉品之间有间隙时，干耗会增加。

表 1 - 4　肉类冻藏中的干耗率

温度 (℃) \ 时间 (小时)	1	2	3	4
−8	0.73%	1.24%	1.71%	2.47%
−12	0.45%	0.70%	0.90%	1.22%
−18	0.34%	0.62%	0.80%	1.00%

　　(2) 冰结晶的变化　指冰结晶的数量、大小、形态的变化。在冻结肉中，水分以三种相态存在：固态水、液态水、水蒸气。液态水的水蒸气压力大于固态的水蒸气压力，小冰晶的水蒸气压力大于大冰晶的水蒸气压力，由于上述水蒸气压力的存在，水蒸气从液态移向固态冰，小冰晶的水蒸气移向大冰晶的表面。结果导致液态水、小冰晶消失，大冰晶逐渐增大，肉中冰晶数量减少。这些变化会增强冰晶对食品组织的机械损伤作用。温度越高或波动越大都会促进冰晶的变化。

　　(3) 变色　冻藏过程中肉的色泽会逐渐褐变，主要是肌红蛋白氧化成高铁肌红蛋白的结果。温度在氧化上起主要作用，−5～−15℃的氧化速度是−18℃的4～6倍。光照也能促使肉色变褐而缩短冻藏期。脂肪氧化发黄也是变色的主要原因之一。

　　(4) 微生物和酶　病原微生物的代谢活动在温度下降到3℃时停止，但温度下降到−10℃以下时，大多数细菌、酵母菌、霉菌的生长受到抑制。

　　有报告认为组织蛋白酶的活性经冻结后会增大，若反复进行冻结和解冻，其活性会更大。

　　冻结后的珍禽体如果需要较长时间保藏，应及时送入冷冻间保存。冷冻库和各种用具应经常保持清洁卫生。库内要求无污垢、无霉菌、无异味、无鼠害、无垃圾，以免污染冷冻过的禽体。进入冻藏间的冻珍禽应保持良好的质量，凡是发现变质的、有异味的和没经过检验合格的禽体都不得入内。进入冻藏间的冻禽要掌握贮存安全期限，定期进行质量检查。发现有变质、酸败、脂肪变黄等现象，应及时处理。冻珍禽的安全储藏期在库房温度−18℃时为6～8个月。库内有包装和没有包装的冻珍禽应分别堆放，合理安排，充分利用库房，同时要求堆与堆之间，堆与冷排管之间保持一定的距离，最底层要用木材质垫板垫起。堆放整齐便于盘查，有利于执行先进先出的原则，保证禽肉的质量。

(四) 珍禽肉的解冻

各种冻结肉在食用前或加工前都要进行解冻，从热量交换的角度来说，解冻是冻结的逆过程。由于冻结、冻藏中发生了各种变化，解冻后肉要恢复到原来的新鲜状态是不可能的，但可以通过控制冻结和解冻条件使其最大限度地恢复到原来的状态。

1. **解冻方法和条件**　冻珍禽的解冻方法有很多，从传热的方式上解冻可以分为两类：一是从外部借助对流换热进行解冻，如空气解冻、水解冻；二是从肉品内部加热解冻，如高频电波解冻和微波解冻。肉类工业中大多采用空气解冻和水解冻。

(1) **空气解冻**　又称自然解冻，以热空气作为解冻介质，成本低，操作方便，适合于体积较大的肉类。这种解冻方法因其解冻速度慢，肉的表面易变色、干耗、受灰尘和微生物的污染，故控制好解冻条件是保证解冻肉质量的关键，一般采用温度 14～15℃，风速 2 米/秒，湿度 95％～98％ 的空气进行解冻。如在温度为 3～5℃，相对湿度为 90％ 的解冻室中，用空气解冻时需 2～3 天 (必须依据珍禽的个体大小而定)。如果解冻室的温度不一致，则珍禽肉汁液损失和干耗也有差异。目前的空气解冻有缓慢解冻和快速解冻两种。缓慢解冻时，解冻间温度为 10～15℃，经过 8～12 小时解冻即可结束。为了减少微生物的污染，解冻间装有紫外灯杀菌，采用这种方法解冻，肉汁损失小，但解冻时间长。快速解冻时，解冻间温度应适当提高，并用强热空气循环，解冻时间显著缩短，但肉汁损失大。

(2) **水解冻**　以水作为解冻介质，由于水具有较适宜的热力学性质，解冻速度比相同温度的空气快得多，一般水温为 10℃ 左右。此法是将冻禽放在水池中，利用水的温度使其融化，也有用自来水在冻禽表面浇淋解冻的。这种解冻方法简单易行，时间短，干耗少，但水溶性蛋白流失过多，肉色灰白，影响珍禽的风味。从解冻后肉品的质量看，浇淋解冻比浸入水池中的要好，但解冻的时间要长一些。

2. **解冻速度对珍禽的影响**　解冻是冻结的逆过程，冻结过程中的不利因素在解冻时会对肉制品产生影响，如冰晶的变化，微生物、酶的作用等等。为了保证解冻后肉品最大限度地恢复到原来状态，一般对冻结速度均匀、体积小的产品，应用快速解冻，这样在细胞内外冰晶几乎同时溶解，水分可被较好地吸收，汁液流失少，产品质量高。对体积较大的胴体，采用低温缓慢解冻，因为大体积的胴体在冻结时，冰晶分布不均，解冻时融化的冰晶要被细胞吸收需一定的时间，这样解冻可以减少汁液的流失，解冻后肉质接近原来状态。

第三节　珍禽肉腌腊制品加工

一、腊鹌鹑

腊鹌鹑的生产以湖南、广东、江西为最多，腊鹌鹑属于高档名贵野味制品，特色是肉嫩骨酥，营养丰富，多作滋补品用。

（一）工艺流程

宰杀→配料→腌制→烘制→成品

（二）操作要点

1. **宰杀**　活鹌鹑经宰杀、放血、去毛后，从尾部开一小口，挤出内脏，用水冲洗干净。

2. **配料**　光鹌鹑坯50千克，精盐3千克。

3. **腌制**　用精盐均匀地涂抹于光鹌鹑坯内外，然后置于干净容器腌制4小时，中间翻缸一次。

4. **烘制**　将腌制好的鹌鹑取出，置于清水中浸泡2小时左右，捞出沥净水分，用手掌自其背部用力向下压成扁平状。然后，置于45℃烘房（或烘箱）内烘一夜，再晒3天即成。如阳光强烈，可不需烘制，直接晒干即可。

腊乳鸽的加工方法与腊鹌鹑相同。

二、腊大雁

腊大雁加工精细，集色、香、味、美于一体。其特点是大雁胚光洁美观，肥瘦适度，淡紫红色，香气四溢，风味独特，香腊味浓，味美适口。

（一）工艺流程

原料选择→宰杀脱毛→压扁整形→卤制→腌制→整形烘干→成品

（二）操作要点

1. **大雁的选择**　选择健壮无病，胸肌丰满，肉质细嫩，脂肪适度，脂溶点高，不显胸骨，体重 5～6 千克的大雁。有条件的可在宰前半月加料催肥。

2. 宰杀脱毛　大雁宰前检疫，剔除病大雁，禁食 24 小时，供足饮水，有利放血。宰时割断气管、血管、食管，放净瘀血，使大雁肉不充血、出血。放净血后，干拔净大雁毛，再放入 70～80℃ 热水中充分搅动，使羽毛浸透，脱净羽毛。脱毛后，用自来水洗 2～3 次，洗净血污、皮屑及皮肤污物，使皮肤清洁。切除翅、脚，从胸到腹剖开，取出气管、食管、嗉囊、内脏、肛门，用自来水洗净血污。放进清水中浸泡 4～5 小时，换水 2～3 次，除尽体内瘀血。

3. 压扁整形　将沥干的大雁放于桌上，背向下腹朝上，头颈卷入腹腔，双手在大雁胸骨部用力按压，压平胸部人字骨，使大雁坯成扁平椭圆形。

4. 搽盐干卤　整形后的大雁坯搽上盐末（盐用微火炒干水分，加适量小茴香碾细）。抹盐时，胸腿部肌肉厚处用力搽抹，使肌肉与骨骼受压脱离。大雁坯抹盐后，平坦堆放于缸中，再在上面撒一层盐末，放置 16～20 小时。待卤透后即可出缸，沥净血水。必要时换缸复卤 6～8 小时。

5. 配卤腌制　将初卤出缸的大雁坯转入卤缸中，逐个平坦堆放。装缸后用竹片盖住，竹片用石块压紧，使大雁坯全部淹在卤液中（卤液配制：每 100 千克水加盐 30～35 千克煮沸，使盐溶化呈饱和溶液，倒入缸中，加入碎姜 500 克，八角、花椒、沙姜各 250 克，炒茴香 100 克，桂皮 300 克）。卤制时间随大雁大小、气温高低而变动。一般卤制 24～32 小时就可卤透出缸。

6. 整形烘干　出缸后的大雁坯用软硬均匀、长短合适的竹片 3 块，从大雁坯胸、腰、腿部撑开成扁平形。挂在架上，用自来水洗净擦干，再排坯整形，拉直大雁颈，两腿展开。将大雁坯人工整理匀称，晾挂在阴凉通风干燥处。可设专用烘房或远红外烘烤箱烘干，即为成品包装出售。

第四节　珍禽干制品的加工

一、肉　干

珍禽肉干类食品的干燥方法有三种，即常压干燥（自然干燥、烘炒干燥、烘房干燥）、减压干燥、微波干燥。

（一）工艺流程

原料选择→切块→腌制→预煮→复煮→烘干→包装→成品

（二）操作要点

1. 原料选择　选择白条珍禽肉，使用去除头、颈、爪后的肉体部分，剔除皮、筋腱、骨、脂肪后，即可用于制作肉干。

2. 切块　按肉的肌纤维方向，根据工艺需要将肉切成不同的形状和大小，如丁状、粒状或长条状。

3. 腌制　将切好的肉块放在腌制液中进行腌制，温度为 0～4℃，腌制时间 24 小时。

4. 配料

（1）咖喱味　珍禽肉 100 千克，酱油 3 千克，白糖 6 千克，食盐 3 千克，白酒 2 千克，味精 0.5 千克，咖喱粉 0.5 千克。

（2）五香味　珍禽肉 100 千克，精盐 2.8 千克，肉桂皮 0.075 千克，八角 0.075 千克，砂糖 12.4 千克，苯甲酸钠 0.33 千克，味精 0.445 千克，姜粉 0.22 千克，辣椒面 0.445 千克，酱油 14.5 千克，绍兴酒 3.3 千克。

5. 预煮　将腌好的肉块放在清水中煮 10～15 分钟，除去瘀血。为了减少某些珍禽的腥味，可以加少量的桂皮、八角和盐。

6. 复煮　取一定量初煮剩余的汤加入锅中，再将香辛料用纱布包好后放入锅中，依次加入精盐、白糖、酱油等佐料，大火加热至水沸腾，加入初煮的原料肉用中火煮 1 小时，再改用文火熬至汤干为止。当汤汁快被肉块吸收完全时加入料酒、味精。熬煮过程要注意不停搅动以免焦锅。

7. 烘干　将珍禽肉条取出平铺于铁筛上烘烤，温度为 60～70℃，时间为 2～3 小时。

8. 包装　用复合塑料袋包装后放在干燥通风处，可保存 3 个月。

二、涪陵火鸡肉松

肉松是将动物的瘦肉加工成蓬松的肌纤维丝的一类肉制品。按照形状可将其分为绒状肉松和粉状肉松。涪陵火鸡肉松为四川有名的珍禽肉制品，其特色是色白丝长、油质净、味清香。

（一）工艺流程

原料肉整理→配料→煮制→炒焙→搓丝→成品

（二）操作要点

1. 原料肉整理　将宰后的火鸡去头、脚及内脏，洗净。

2. 配料　以 50 千克火鸡肉料计，需精盐 1.3 千克，白糖 2.2 千克，黄酒、姜各 125 克。

3. 煮制　火鸡肉料下锅后，大火煮 10～20 分钟，撇去浮沫，加盖盖严，并用湿布封紧锅口四周，焖煮 3 小时。前 1 小时宜用大火，后 2 小时宜用微火。然后，将肉捞出，去除骨、油筋、杂质，并将撕下来的肉捏细捏烂。继而进行第二次煮制，待煮沸时加入酒、姜、盐，撇去浮油，煮 1 小时后加入白糖。

焖煮过程中需经常拍翻和撇油，务必将油脂撇尽，否则成品不能久藏。待肉煮至六成干时即可出锅。

4. 炒焙　第二次出锅间隔 12 小时后，可进行炒焙。用微火炒 1.5 小时，待肉料干燥和松散时出锅。

5. 搓丝　将干净的木搓板放在簸箕中用手揉搓肉料，搓时用力要均匀、适度，待搓成丝绒状即为成品。

第五节　珍禽酱卤制品加工

手撕乌骨鸡加工

手撕鸡的做法本与广东盐焗鸡相同，被川菜引入后，略作改动，成为风行一时的手撕鸡。除乌骨鸡外，珍禽中的火鸡、珍珠鸡等均可制作为手撕鸡。

（一）工艺流程

卤水配制→卤煮→配料→煮制→炒焙→搓丝→成品

（二）操作要点

1. 卤水配制　广东梅州盐焗鸡配料 100 克，黄姜粉 100 克，料酒 100 克，鸡精 100 克，味精 80 克，胡椒粉 10 克，乙基麦芽酚 10 克，鲜汤 15 千克，大蒜、小葱、香菜、姜、青椒、红椒、芹菜各 50 克，精盐适量，八味混合油 1 千克。

每次卤制乌骨鸡时，还应加入适量调料和小料。每 3 只鸡需要加入的调料是盐焗鸡粉 60 克，乙基麦芽酚 2 克，鸡精 20 克，精盐 10 克和适量的黄姜粉。小料用量为大蒜、小葱、姜、青椒、红椒、芹菜各 50 克。

八味混合油的原料为小葱、胡萝卜、香菜、大蒜、红椒、姜、洋葱、芹菜各 100 克，熟鸡油 200 克，色拉油 5 千克。其制法为净锅上火，下色拉油和熟鸡油烧热后下入各种蔬菜原料，慢火炸至水分快干时打去料渣即成。

2. 卤制　先将乌骨鸡漂净血水，再用开水余后入卤锅，中火将卤水烧沸后改小火卤 10 分钟，熄火再焖 5 分钟即可捞出。

3. 手撕　按乌骨鸡肉纹理，用手撕下鸡肉块。

4. 包装　待鸡肉冷却，中心温度低于 40℃后进行真空包装。

5. 速冻、入库　包装后即入冷库或速冻机速冻，保存在 −18℃以下。

第六节　珍禽真空软包装加工

一、休闲山鸡系列产品制作

休闲产品属于快速消费品类别，消费者食用该类食品既不是为了补充热量也不是为了补充其他营养成分，其主要功能是愉悦消费者。除传统的休闲食品干果、膨化食品、糖果之外，禽肉类休闲食品的发展十分迅速。

(一) 荷叶山鸡

1. 工艺流程

原料选择→屠宰、造型→腌制→沥液→胴体挂糖→沸油着色→汤汁调味→冷却→称量→包荷装袋→真空包装→高温杀菌→成品

2. 操作要点

(1) 原料选择　选择 1 年以上山鸡为原料，肉质细嫩而结实，体内含水量少，骨骼坚实，具有良好的口感，以此为原料最理想。

(2) 屠宰、造型　三管齐断法屠宰，煺毛，保持胴体洁净。为了加工制作的方便，胴体需适当地造型，将两翅尖向上挽起架在翅柱上，双爪左右交叉后嵌入腹腔切口之中，使爪端抵住腹壁，游离状态的颈部便于上下搬动。

(3) 腌制

①腌液配制　腌液的用量为加工山鸡量的一半。在夹层锅中置入 120 千克清水，放入香辛料沙姜 150 克，花椒 150 克，小茴香 120 克，白芷 120 克，草果 100 克，陈皮 100 克，豆蔻 80 克，砂仁 80 克，葱珠 1 千克，姜 750 克，辣

椒末 250 克，浸泡 1 小时，加热煮沸 30 分钟后倒入食盐 16 千克，继续微煮 30 分钟。把腌液舀入小陶缸内冷却，香辛料包仍置入，使其在常温下放置。

②入缸腌制　待盐水冷至常温，取出香料包（挤去盐水），将盐液调整至 13 波美度的浓度。把鸡胴体码入腌缸内，码至缸口时倒入复合磷酸盐（不超过规定比例）后用竹栅盖上，压上石块后倒入腌液，使其淹没竹栅。为保障腌制效果，此工序需在预冷库内进行，连续腌制 16 小时。

撒在鸡胴体上的复合磷酸盐在注入腌液时能迅速溶解。存在于体腔内外的盐液很快能产生腌制效果。起缸时抓住头颈部位，让腔内腌液很快流出，再将其垂直置入食品周转筐内继续沥去余液。

（4）胴体挂糖　在干净的小缸内置入白糖，倒入温水 20 千克，搅拌使之成为均匀的糖液。将山鸡胴体在此液内浸片刻后取出，随即摊在操作台上晾干，必要时可用排风扇鼓风吹干。

（5）沸油着色　用食油作为传热介质，达到炸制着色的目的。待油面浮起青烟时，把鸡胴体置入沸油内。在炸裂声中净白的山鸡渐渐转为橙黄色。当鸡在油液中的位置开始上浮时将其捞出，沥去腔内的油液。以后随着油温上升和油液内葡聚糖含量的增加，使炸制时间不断缩短。

（6）汤汁调味　在夹层锅内，放入 150 千克清水及与上述腌制液同样的香料包，加热煮沸 1 小时后倒入食盐 3 千克、白糖 6 千克、黄酒 2 千克，继续煮沸片刻，使汤汁均质，缓缓放入油炸过的半成品，使汤水浸没鸡身。在煮制中，液面会泛出油沫，应随时撇去。约 1 小时后改为小火微沸，待液面转清时倒入味精，大火煮片刻。用双刺钩戳动胸肌、腿肌，如戳孔无血样液流出，说明已经断血，此时可以出锅。将鸡捞出后摊在包装间的操作台上散热，为加速散热，应将腹面朝上，鼓风吹凉。

剩下的汤汁经 150 目筛过滤后存入桶内，在冷库中保存起来，作为调味汤汁连续使用，以增加本品的制作风味。香辛料包可续用 3 次。

（7）劈斩称量　为适应现时小家庭的消费要求，包装以净重 300 克为宜。劈斩时先在案板上断下颈基部并去头，将颈脖单独放置。切去尾脂腺部位后，沿脊椎骨正中线劈为两侧翼，撕下两爪，顺胸肌走向左右切开，使胴体成为两侧翼与呈等腰三角形胸肌的三大块。胸肌与颈部一起称量，超重则在颈上作调节。称量后将爪填入脊椎凹陷处，弓状的颈脖与胸骨的弧度相吻合。

（8）包荷装袋

①湿润荷叶　贮存在仓库内的荷叶易虫蚀与霉变，用前应用 65℃ 热水将其浸润，使其浸入水中逐渐吸水软化。回软后的荷叶在流动水中逐张用毛巾擦

洗，洗毕摊晾，沥去浮水。待干润柔软时，剪去叶柄的残端，将荷叶一分为二，再将叶面向上堆叠起来，放入食品周转筐内，送入包装间待用。

②包荷　将称量好的肉块放在叶面上，四面折叠包裹起来。肉块的断端多带有残骨，除用剪刀修去之外，可用折叠部分衬垫起来，增加断面的厚度，并将其置入聚对苯甲酸乙二醇酯/铝/聚丙烯复合成的 16 厘米×29 厘米的膜袋内。

（9）真空包装　在真空包装机上进行。膜袋封合后封合线应干整挺括，抽真空后袋壁上叶脉走向能清晰显示，给本品增添不少美感。

（10）高温杀菌　经真空包装后的包装物，逐包叠置在杀菌篮的栅屉上。按杀菌公式 10 分钟—35 分钟—15 分钟/121℃进行杀菌，反压（0.15 兆帕）冷却。出锅后的包装物放入食品周转筐内，并做好标记。

（11）成品入库　符合质量要求的产品加套标签袋后装箱入库。

（二）卤煮酱山鸡

卤煮酱山鸡的主要辅料采用陈年老酱，它的特点是外形美观，呈金黄色，味香而醇，携带方便。

1. 工艺流程

宰杀、整形→卤煮→整形→保存

2. 操作要点

（1）宰杀、整形　将选好的活山鸡宰杀、放血、开膛去内脏后洗净晾干。如是陈年老鸡，需在凉水内浸泡 2 小时，把积血排净。将宰好的山鸡先用木棒把胸部拍平，然后把一只翅膀插入山鸡的口腔，另一只翅膀向后扭住，再把两条腿折弯并将鸡爪塞入腔内。

（2）卤煮　按光鸡 100 千克计，用料为盐 3 千克，陈年老酱 2 千克，五香粉、小茴香、花椒各 0.1 千克，八角、白芷各 0.15 千克，桂皮 0.2 千克，姜、大蒜各 0.3 千克，大葱 1 千克。

汤锅烧沸后，把光鸡一层一层地摆放在锅内，再把花椒、八角、五香粉等装入料袋，连同其他辅料放入锅内，等汤煮沸后再放酱，用木栅压住，加火卤煮。先用旺火煮 40 分再用微火焖煮 1 小时左右。如是当年新鸡，可不再用小火焖。

（3）整形　出锅以后的熟山鸡，要趁热整理。方法是用手蘸着鸡汤，把山鸡的胸部轻轻朝下压平，使成品显得丰满美观。

（4）保存　卤煮鸡不易久存，随制随销。冬季可存放 10 天左右，春季不超过 5 天，夏季不宜过夜，必要时可以回锅加热防止变质变味。

（三）即食风味山鸡

1. 工艺流程

活鸡→标准化宰杀→脱毛清洗→腌制→冲洗→冷风脱水→涂抹→糖色→低温油炸→沥油→恒温卤制→捞出→冷却→真空包装→灭菌→二次包装→产品

2. 操作要点

（1）原料选择　选用 40～60 日龄，质量为 1.0～1.5 千克的山鸡。

（2）标准化宰杀　宰前禁食 12～24 小时，采取颈下切三管（血管、气管、食管）法宰杀。操作时下刀要准、刀口要小，倒挂流尽血。

（3）烫毛、煺毛　采用脱毛机烫毛、煺毛。60～68℃热水浸烫 1～2 分钟。如有未煺尽的绒毛，人工用镊子拔除或用火燎掉。

（4）净膛　在腹下横切长 3～5 厘米的刀口（刀口不宜过大），将肠管及内脏全部取出，在直肠处切断。注意不可将肠划破，防止粪便污染原料，如有划破应及时冲洗，去净污物。

（5）漂洗　把净膛后的山鸡放入清水中漂洗，漂洗时间为 30～40 分钟，洗净山鸡体内瘀血。

（6）腌制　采用干腌法，将食盐、黄酒、切片姜混合均匀后，逐一抹涂于山鸡体表和腔内，其中山鸡头及腔内是涂抹的重点，每 100 千克山鸡原料使用食盐 6～10 千克。控制腌制室温度为 4～8℃。加入适量黄酒，可使酒中的醇与鸡肉中的乳酸在高温下反应生成酯，可赋予产品浓郁而鲜美的滋味。

（7）冲洗　将腌制后的山鸡坯用清水冲洗，以降低其表层含盐量，同时除去姜片。

（8）冷风脱水　冷风吹去山鸡坯表面水分。

（9）涂抹、低温油炸　将冷风吹干的山鸡坯周身均匀涂上糖色（水与糖的质量比为 1∶1），再逐只下锅油炸至鸡皮呈金黄，但不要炸酥，以防变形。

（10）卤制　卤汤以 100 千克水计，称取香辛料（花椒 200 克，八角 400 克，砂仁 160 克，陈皮 160 克，干辣椒 4 000 克，豆蔻 240 克，丁香 100 克，小茴香 200 克，草果 200 克，香叶 60 克），用双层纱布包裹，在夹层锅中加热至沸，再慢火熬煮 30 分钟后将食盐等其余配料加入，搅匀备用。

（11）冷却包装　将卤制加工后的山鸡坯小心捞出，起锅动作要轻巧，确保产品完整美观，放在不锈钢盘中经冷风吹凉，真空包装，并经杀菌、检验而无涨袋、无破损的可视为成品。

（四）麻辣山鸡肉丁

1. 工艺流程

原料选择→宰杀处理→清洗整理→腌制→初煮→卤制→切丁→瞬时炸制→拌料→真空包装→灭菌→成品装箱

2. 操作要点

（1）原料选择　选择 60 日龄以上的优质山鸡，活重在 2 千克以上，经检疫合格，健康无病。

（2）宰杀　宰前禁食 12～18 小时，颈部齐断三管法刺杀放血，然后放在 60～68℃水中浸烫去毛，清洗后开膛去内脏，并去头、去爪。

（3）清洗整理　开膛去内脏及去头、去爪的山鸡，放入流水中进一步漂洗，除去杂物和油渣等，洗净后捞起沥干水。

（4）腌制和卤制用基础水的制作　陈皮 10 克，肉桂 8 克，沙仁 8 克，草果 3 克，白蔻 3 克，豆蔻 3 克，姜黄 8 克，良姜 4 克，沙姜 10 克，山楂 6 克，栀子 10 克，八角 20 克，小茴香 8 克，丁香 5 克，香叶 6 克，做成料包，然后放入 25 千克的水中，用大火烧开后小火熬制 1 小时，晾凉后作为基础水备用。

（5）腌制　适量食盐，白糖 300 克，白酒 1 千克，姜 0.5 千克，大葱段 1 千克，硝酸钠 10 克（0.1 克/千克），异维生素 C 钠 20 克（0.2 克/千克），加入到 50 千克的基础水中制作成腌制液（供 100 千克山鸡腌制用）。

①传统腌制　把洗净沥干的山鸡放入腌制缸中，倒入腌制液，压实，20℃下腌制 36～48 小时。

②改进腌制　将配制的腌制剂，用盐水注射机均匀注入鸡肉内，注射 2 次。将注射后的鸡肉放入滚揉机，采用间歇法滚揉 1.5 小时，然后湿腌 2～3 小时。

（6）初煮　放入约 80℃的水中初煮 10 分钟以初步脱水。初煮能除去山鸡体内的血水和污物。

（7）卤制　称取上述步骤（4）所制基础水，按每 50 千克基础水中加入食盐适量、香菇 0.5 千克、味精 1 千克、鸡精 0.5 千克、白糖 0.25 千克配制卤水，卤水烧开后，微火熬制 40～60 分钟制成卤汁。把经过初煮的山鸡放入卤汁中卤制 1 小时。

（8）切丁　将卤制好的山鸡肉切成 2～3 厘米长的肉丁。

（9）瞬时炸制　切好的肉块放入 140℃的油锅中瞬时翻炸 1 分钟，即可捞起沥干油。

（10）拌料 在沥干油的山鸡肉丁中放入拌料并搅拌均匀，待晾凉后包装。每50千克山鸡肉丁拌料配方为辣椒油、花椒、胡椒、味精适量，芝麻1.5千克，鸡精0.5千克，香油1.5千克，白糖0.3千克。

（11）包装灭菌 拌好料的麻辣山鸡肉丁根据不同规格抽真空包装，微波灭菌。

二、真空软包装加工关键控制工艺

真空软包装使用复合塑料薄膜袋为包装容器，也叫蒸煮袋，通常采用三种基材黏合在一起。外层是聚酯，起到加固及耐高温的作用；中层是铝箔等，具有良好的避光、阻气、防水性能；内层为聚烯烃等材料，符合食品卫生要求，并能热封。

（一）软包装选择

1. 软包装蒸煮袋的特点

（1）适合高温灭菌，热处理时间短，有利于保持食品的色、香、味和营养价值，化学稳定性好，与内容物几乎不发生作用，适应冷藏，能长期保证食品质量，密封性好，杀菌后微生物不能侵入。

（2）阻隔性好，空气、水蒸气不能进入，能保持内容物不发生变化，容易开启，食用方便，外形美观。

（3）空袋体积小、重量小，可节省储藏容积。

（4）软包装的不足之处是易被划伤划破，并且生产效率较硬质罐头食品低。

2. 软包装材料的选择

（1）**基材选择** 蒸煮袋基材是其骨架，起到容纳、保护产品的作用，其一般应具有高机械强度、耐120℃高温蒸煮、印刷适应性和透明性好等主要性能。常见高温蒸煮袋基材为双向拉伸尼龙薄膜以及双向拉伸聚丙烯薄膜以及尼龙薄膜等材料。对于真空高温蒸煮袋，为了防止蒸煮时气体膨胀使袋爆破，而要求基材透气性小。双向拉伸聚丙烯薄膜因透气性较大，不适合作为肉类熟食真空蒸煮袋的基材。尼龙薄膜与聚对苯甲酸乙二醇酯相比较虽然强度、韧性、印刷性都差不多，但尼龙薄膜在高温蒸煮下易吸湿劣化、变形，而聚对苯甲酸乙二醇酯受湿度和高温的影响小。因此，聚对苯甲酸乙二醇酯是作为肉类熟食真空蒸煮袋的最佳基材。

（2）阻隔层选择

①不透明型高温蒸煮袋阻隔层材料的选择　不透明型高温蒸煮袋有铝箔型和镀铝型两种，铝箔具有极好的阻隔性能，当其厚度超过 17.78 微米时对水分和氧气的透过率几乎为零，而且对光线完全阻隔。镀铝薄膜虽与铝箔阻隔性相近，但对光线不能完全阻隔，因而可采用铝箔作为不透明阻隔耐蒸煮材料的阻隔层。

②透明型高温蒸煮袋阻隔层材料的选择　透明型蒸煮袋阻隔层材料的选择主要考虑的是对氧、水分等的阻隔性能，能用来做阻隔层的透明材料主要有聚偏二氯乙烯、乙烯—乙烯醇共聚物、尼龙等，但乙烯—乙烯醇共聚物随杀菌温度的提高透氧量急剧增大，不适合充填后高温蒸煮袋的包装杀菌，而聚偏二氯乙烯在 120～130℃杀菌后氧气透过量变化不大，尼龙因其透湿性大一般不单独作为阻隔层。因此，常采用聚偏二氯乙烯作为透明阻隔耐蒸煮材料的阻隔层。

③热封层材料的选择　目前常用的热封层材料有低密度聚乙烯、线性低密度聚乙烯、流延聚丙烯等，高温蒸煮袋的蒸煮温度一般为 120℃，因低密度聚乙烯和线性低密度聚乙烯的最高使用温度为 90℃，而流延聚丙烯的最高使用温度可达 160℃，因而采用流延聚丙烯作为热封层材料。

3. 各种材料厚度的确定

各层材料的厚度主要根据内容物的保质期及包装工艺的要求来确定。

（1）在规范化包装工艺过程中，一般要求包装的通用化和标准化。因此，基材和热封层的厚度可以根据蒸煮袋的工艺要求和市场上常使用的规格来确定。目前，聚对苯甲酸乙二醇酯的市场使用厚度规格有 10～20 微米，20～30 微米，30～40 微米等，而蒸煮袋中使用的规格一般在 10～16 微米。热封层流延聚丙烯为了能满足其热封性及耐油脂性能的要求，一般选择 50～70 微米的材料。

（2）透明阻隔层聚偏二氯乙烯厚度在 13～15 微米。

（3）铝箔层厚度在 9～11 微米。

（二）装袋工序注意事项

（1）如果产品在包装以前受到污染，产品抽真空前细菌含量就会超标，导致产品在保质期内胀袋。操作人员应先取得健康证明，持证上岗。为了防止食品污染，保证食品安全、卫生，操作人员必须遵守行业的卫生制度，并保持良好的个人卫生状况，还应做好场地清洁卫生工作。操作人员着装规范严格按照

《食品从业人员管理规范》要求执行。车间地面和解冻池用热碱水冲刷后用清水冲洗干净,全场泼洒漂白粉溶液（1吨水用市售漂白粉400克）或直接撒漂白粉,地面、台面每1小时应用清水冲洗1次,保证地面洁净无杂物。刀器具、盛具用200毫克/千克有效氯溶液浸泡或82℃热水煮10分钟以上,清洗干净待用。

（2）珍禽体尽量不要有断骨外露,否则断骨可能在产品的储存、运输过程中扎破内袋,造成漏气。

（3）珍禽油脂、汤汁不能黏在袋口上,以免影响封口的密封性。

（三）抽真空

软包装产品在抽真空时如果真空度低将导致氧气的较多存在,为细菌的滋生繁殖提供条件。应注意尽量减少产品的内空间,如包装鸡时必须先砍断鸡的锁骨,使鸡胸腔失去支撑,然后用力压鸡的胸部,使得鸡胸腔内壁可以相互接触,尽可能地减少空间,利于产品抽真空以及后续的杀菌工艺,从而延长制品的货架期。

第七节　珍禽肠类制品加工

肠制品是用鲜（冻）畜、禽、鱼肉经腌制或未经腌制,切碎成丁、绞碎成颗粒或斩拌乳化成肉糜,再混合添加各种调味料、香辛料、黏着剂,充填入天然肠衣或人造肠衣中,经烘烤、烟熏、蒸煮、冷却或发酵等工序制成的产品。这类产品的特点是花样繁多、食用方便。

一、鸵鸟肉熏肠

鸵鸟肉熏肠也称熏腊肠,目前我国生产还不多,但产品很有特色。

（一）设备

设备可因陋就简,主要设备有小型绞肉机、拌料机、手摇灌肠机、铝制浅盘、挂架车、锅、盛器、刀具和操作台等。

（二）配方

灌肠因制作工艺、规格等不同而配方名目繁多,但绝大多数配方相近,一般可参考表 1-5。

表 1-5　以 50 千克原料肉计的鸵鸟肉熏肠辅料基本配方

熏肠 类型	食盐 （千克）	胡椒粉 （克）	味精 （克）	添加剂 （克）	五香粉 （克）	茴香粉 （克）	曲酒 （克）	亚硝酸钠 （克）
小灌肠	1.75～2	70～100	30～40	2.5～4	—	—	0.15～0.25	按规定使用
中型灌肠	1.75～2	50～60	25～35	2.5～3.5	25～30	20～25	0.15～0.25	
粗灌肠	1.5～1.75	60～90	50～60	2.5～4	—	0.15～0.25	—	

　　禽肉灌肠配方多样，无国家统一标准，但调料大体相近，添加量不必受上表所列数据的限制，可适当进行调整。根据地方口味习惯，还可加入其他调味料，如大葱、洋葱、辣椒、甜味料等，但亚硝酸钠应严格按国家规定使用。

（三）操作要点

　　1. 原料肉选择和整理　因灌肠只用约 80℃ 水温煮制，故原料肉应选择经过兽医卫生检验确实健康无病的猪肉及牛肉。原料肉经剔骨后修去遗漏的碎骨、软骨、硬筋、瘀血、伤斑、淋巴结等，再分成瘦肉和肥膘，并把瘦肉切成 1～1.5 厘米厚的条块进行腌制，肥膘则切成 0.6 厘米左右厚的薄片装浅盘冷藏（不腌制），待变硬后切成 0.6 厘米见方的肉丁备用。

　　2. 腌制　腌制能否恰到好处，对保持肉的鲜度、咸度均匀、防止原料变质和延长产品的货架期均有较大影响，故要注意以下三点：

　　（1）正确称量　原料、辅料，特别是亚硝酸钠要称量准确。在腌制过程中应先将亚硝酸钠同食盐搅匀（称盐硝），然后把原料和盐硝依次置于搅拌箱内，并上下翻动直至均匀，以免含盐量不足的原料变质。

　　（2）腌制期　腌制期一般为 2 天，如设备周转允许，则腌 3 天更好。腌好的标准：一是肉块稍硬（与腌前比较）；二是切开观察时，切面应稍有干燥感；三是除轻度血腥味外，无其他异味。

　　（3）腌制温度　把盐硝搅拌均匀的原料装入不透水的铝制浅盘，以保证原料及时凉透，同时要注意不要让盐卤漏掉而降低咸度，否则会出现变质现象。腌制期内最适宜的温度为 1～3℃，温度偏低肉块会冻结，影响盐分的渗透扩散和亚硝酸钠的发色作用，偏高则会出现轻度变质，鲜度受影响。

　　3. 绞肉（斩拌）　经 1～2 天腌制的肉块需进行绞碎或斩拌。绞碎的程度通过不同孔径的网眼筛板控制，一般中粗灌肠用 3 毫米和 7 毫米两种孔径的筛板各绞一次。若是牛肉，因其肉质老，需用 16 毫米孔径的筛板或三眼板粗绞一遍，再用 3 毫米和 7 毫米孔径细绞。绞好的肉糜装入盘内，仍置于腌制室，继续腌制 1～2 天。绞肉的作用除绞碎外，还有拌匀和加速盐分渗透扩散的作用，所以应在腌制期的中间阶段进行。

4. 拌料制馅　先让拌料机运转（手工拌料亦可），再依次把肉糜（肥瘦比以 3∶7 为准）、各种添加剂、水（按原料的 8% 左右）加到拌料桶内。搅拌时间一般为 2 分钟，以原料、辅料分布均匀为原则。拌好的标准是肉馅具有一定黏性，肥瘦肉和添加剂分布均匀，干湿度一致。若用猪肉和牛肉混合制馅，则牛肉应先单独搅拌 2～3 分钟，再按上述工序制馅，制馅原料可按牛肉∶肥肉∶瘦肉为 3∶3∶4 的比例配制。若是夏季，搅拌时酌量加入冰屑，以防止拌料时肉馅升温而引起脂肪熔化，降低结着力，从而导致熏烤时"走油"。搅拌时肉馅的温度宜低于 10℃，如肉馅温度太低，则可适当延长 1～2 分钟。

5. 灌馅　灌馅用的灌肠机有很多种，简单来说有手摇式、半自动和全自动式三类，一般中小型生产只需用手摇式。灌制前应先将肠衣截成 80～100 厘米的小段，一端用绳结扎好，将开口的一端套在灌筒上即可灌馅。灌肠不宜太满，一般要留出 3～4 厘米空肠，否则不易结扎封口。灌肠工序中应注意下列三点：①肠衣清洗后要沥干，肠腔内不能留有残液，肠衣要套到底，不能留有空气，灌好后要检查，如有小气泡，则用细钢针刺破排除；②肠馅要灌得松紧得当，过紧，煮制时易因热胀而破裂，过松，则影响制品的弹性和结着力；③灌好的肠要迅速煮制，搁置过久会因细菌繁殖而降低鲜度，严重者引起变质。

6. 烘烤　烘烤是各类灌肠不可少的工序，其目的是烤干肠体外水分，使肠体干而不裂。灌肠经烘烤后再煮制着色，可使色调均匀美观。烘烤时肠衣收缩而肉馅膨胀。由于烘烤温度（70～80℃）已超过蛋白质的热变性温度（40～50℃），肠衣与肉馅黏成一体，增加了肠衣的牢度，煮制时不易破裂。

烘烤方法是在烘房地面架设 1～2 个小木堆，如底面积较大，可视情况酌情增设堆数。以点火后房内各处温度能达到大体均匀为原则。所选木柴以不含树脂的硬质木为好，因树脂含有苦味，且易生成烟尘使肠衣变黑，烟尘又是有害成分的载体，黏附于制品表面有碍卫生。在灌肠入炉前，最好预热一下空炉，如室内平均温度接近于烘烤所需温度，则可以缩短在炉内烘烤的时间，对控制微生物繁殖、提高产品质量有一定好处。灌肠的烘烤时间和温度可以参照表 1-6。

表 1-6 灌肠烘烤温度和时间

烘烤食品	时间（分钟）	烘烤室温度（℃）
小灌肠	20～25	50～60
中粗灌肠	40～45	75～85
粗灌肠	60～90	70～85

7. 煮制　烘烤好的灌肠应立即煮制，以防酸败变质，所用煮锅一般以方锅为好。先把水温预热到 85～90℃，再把灌肠连同木棒一起放入锅内，每锅的数量视锅的大小而定。灌肠入锅后水温保持在 80℃ 左右为宜。由于各种灌肠的粗细差别甚大，所以煮制时间各不相同。灌肠煮制温度和时间可参考表 1-7

表 1-7 灌肠煮制温度和时间

煮制食品	下锅温度（℃）	定温温度（℃）	煮制时间（分钟）
小灌肠	85～90	79～81	10～17
中粗灌肠	85～90	79～81	40～50
粗灌肠	85～90	79～81	80～90

8. 烟熏　大多数灌肠需要烟熏，烟熏有下列作用：①使灌肠具有烟熏味，改善风味；②肠衣表面产生光泽，增加商品美观度；③烟熏中的酚、醛、酞等物质具有杀菌和抗氧化作用；④除去部分水分，产生干香味，且增加耐储藏性。

烟熏方法与烘烤方法类似，烘烤室可与烟熏室通用。具体方法是先在烟熏室底部架设柴堆，点火将烟熏室预热，待室内温度升至 70～80℃ 时即把灌肠挂入。要注意肠体之间应留有空隙，以互不接触为原则，否则会产生阴阳面。此外，在整个烟熏过程中，温度不要保持恒温，一般开始时可用 80～90℃，并以打开门进行烟熏为好，维持 15～25 分钟，以提高气流速度，让水分尽快排出。然后，加上木屑，压低火势，使温度降至 40～50℃，并关闭烟熏室门，用文火烟熏，时间控制在 3～5 小时，如周转允许，再延长烟熏时间 1～2 小时效果更好。烟熏好的灌肠具有以下特征：①肠体表面干而潮润，皱纹均匀，纹状似小红枣，具有一定的光亮度；②肉馅有弹性，折断面色泽一致，呈淡红色，有特殊烟香味；③肠衣稍干硬，且紧紧贴住肉馅，靠近火的一端不"走油"，不松软，无焦苦味。出炉后以自然冷却为好，也可排风冷却，但不宜立即放进冷藏室。

（四）灌肠的储藏

未包装的灌肠必须在悬挂状态下存放，已包装的灌肠应在冷库内存放。灌肠的储藏时间依其种类和储藏条件而定。熏灌肠或水分不超过 30% 的灌肠处于悬挂状态，在温度为 10℃，相对湿度为 72% 的室内可保存 25～35 天。包装严密的灌肠，在 -8℃ 冷库内可储藏 12 个月。

二、火鸡肉香肠

（一）工艺流程

制备肠衣→切制肉料→配料→灌料入肠→晾晒烘干

（二）操作要点

1. 制备肠衣　用猪、羊的小肠均可。先将小肠截成长约 1 米的小段，用清水洗净再放入稀盐水中，略加浸泡后将小肠外翻，去净肠壁上的黏膜，再翻回去。如暂时不用可悬挂在通风处，用时用温水泡软即可，也可浸泡在稀盐水中。

2. 制备肉料　将选好的火鸡肉料剔除骨头、筋腱，切成小块放于清水中浸泡洗涤，将肉中的血液浸出、洗净，然后捞出沥干，切成 1 厘米见方的肉丁备用。

3. 配料　各地配方不一，风味各异，制作时可任选下列几种：

（1）麻辣风味配方　瘦肉 7.5 千克，肥肉 2.5 千克，精盐 400 克，芒硝 10 克，白糖 250，曲酒 50 克，豆油 200 克，花椒适量。

（2）广东风味配方　瘦肉 7 千克，肥肉 3 千克，芒硝 5 克，精盐 100 克，白砂糖 0.8 千克，白酒 250 克，白酱油 0.5 千克。

（3）湖南风味配方　瘦肉 8 千克，肥肉 2 千克，白糖 400 克，精盐 100 克，白酒 200 克。

（4）江苏风味配方　瘦肉 8 千克，肥肉 2 千克，酱油 200 克，精盐 200 克，白糖 0.5 千克，曲酒 50 克，葡萄糖适量。

4. 灌料入肠　把泡软沥干水的肠衣一端用线绳扎住，另一端套在一只干净的漏斗上，将拌匀配料的肉丁灌入肠内。边灌边用手往下顺，不要留空隙，可按需要在中间分段扎上线绳，最后用消毒的缝衣针在肠上穿些孔，排出肠内的空气和水分。

5. 晾晒烘干　制作数量不多时，可先在太阳下暴晒 2～3 天，再放到通风处晾挂风干，批量生产时，可置于 60～70℃烘房内烘烤 24～26 小时，即为成品。

三、野鸭火锅肠

火锅肠是利用真空灌装扭结机制作的一种灌肠类产品，也叫亲亲肠、枣肠，是一种附加值很高的产品。

（一）工艺流程

原料解冻→切制肉料→配料→斩拌→灌肠→加热蒸煮→冷却→速冻→包装

（二）操作要点

1. 原料解冻　将野鸭肉、猪腿肉、肥肉解冻，分别绞碎备用。

2. 斩拌　将野鸭肉、肥肉、猪腿肉入斩拌机，加入复合磷酸盐、盐、部分冰水斩拌 5～8 分钟。打浆机的速度最少达到 1 000 转/分钟，快的可达到 2 000 转/分钟。加盐的目的是使盐溶性蛋白充分溶出，形成网状结构。为防止浆料升温需要先添加部分冰水或直接添加碎冰，斩拌至肉糜产生一定的黏性。

3. 配料　加入除鸭肉香精、淀粉、肥肉、少量冰水外的其他辅料，斩拌至浆料细腻、有光泽、黏性强，即可加入余料混拌均匀。产品配方为野鸭肉 65 千克，猪腿肉 35 千克，肥膘 25 千克，淀粉 15 千克，变性淀粉 15 千克，鸭肉香精 0.1 千克，蒜 1.5 千克，麻油 2 千克，复合磷酸盐 0.3 千克，肉桂粉 0.18 千克，白胡椒粉 0.2 千克，糖 5 千克，盐 2.5 千克，冰水 15 千克，色素适量。

4. 灌肠　腌制隔夜后，胶原肠衣真空灌肠。

5. 蒸煮　蒸煮温度 80℃，时间 40 分钟。

6. 冷却速冻　将蒸煮好的野鸭火锅肠在常温下冷却至室温，然后送入急冻库内急冻至中心温度 -18℃以下。

7. 包装　依所需规格包装，置于 -18℃冷冻库冷藏

第八节　珍禽烧烤制品加工

一、熏野鸭

熏鸭的特点为鸭色金黄、油亮，肉质肥润鲜嫩，略带烟熏香，比较著名的

有安徽无为熏鸭。

（一）工艺流程

原料鸭的选择→宰杀→脱毛清洗→掏脏→喷淋冲洗→去除鸭掌翅尖→修剪→干腌→湿腌→整形→熏烤→速冻→真空包装→储藏

（二）操作要点

1. 原料鸭的选择及宰前检疫　对 1.5 千克左右的待宰毛鸭，分批抽样并进行宰前检验检疫，发现患病的鸭立即进行无害化处理，确保选择健康的原料鸭。

2. 宰杀　把鸭只挂在链条上，避免粗暴野蛮行为，以免造成鸭体瘀血，然后用（63±1）伏特的电压进行击晕，从鸭的颈部割断三管，即喉管、气管和食管，放血 140 秒，保证放血充分，否则会影响鸭肉制品的品质，每 50 分钟更换一次刀具。

3. 脱毛　浸烫水的温度保持在（65±2）℃，充分脱毛后进入冷水池降温至 15℃，用清水冲洗残留的污染物，保持胴体清洁，对残留在鸭体上的绒毛进行摘除。

4. 掏脏、切除鸭掌和翅尖　用刀从鸭腹部切至肛门，掏除所有内脏及嗉囊，切除肛门。同时，再次进行检验检疫，发现病鸭立即进行无害化处理，随后用清水进行喷淋，洗去血污及杂质，并切除鸭掌和翅尖。

5. 修剪　去除鸭体上残留的毛发，从鸭嘴处把鸭下巴边和鸭猁一起切去，保持切口处平滑，使鸭体美观。

6. 干腌　白条鸭出成率在 85% 左右，称取鸭肉重量 6%～7% 的食盐，加入少量花椒、八角文火煸炒至溢出香味，等冷却至室温后反复揉擦于鸭体体表和内腔，直到盐溶化为止，然后放入容器内，置于阴凉处腌制 6～8 小时，注意腌制结束时应倒出体腔内血水。

7. 湿腌　配制卤液，其配方为清水 50 千克，食盐 10 千克，生抽 10 千克，桂皮 50 克，白芷 60 克，八角 50 克，沙姜 45 克，花椒 35 克，陈皮 50 克，草果 35 克，肉蔻 40 克，小茴香 50 克，姜 100 克，丁香 10 克，砂仁 10 克，冰糖 40 克，3～5 厘米的葱段 100 克。把所用配料用纱布包起来投入锅中，煮沸 30 分钟后冷却至室温，然后投入经干腌的鸭只，湿腌时间为 8～10 小时，注意翻动。

8. 整形、熏烤　将腌制好的鸭坯进行整形，使其外表美观，沥干水分后平放在熏烟室的架上，用木屑粉暗火烟熏4～6小时，为保证熟透应注意翻动。熏烟中的醇类、酚类等物质具有杀菌防腐和去腥作用，同时赋予了制品特有的熏制品风味。

9. 速冻 为保证鸭肉品质，避免风味因子的逃逸，烟熏完成后立即进行速冻，直至肉纤维中的水分、各种呈味因子和肉纤维冻结，使速冻肉中心温度在−25℃以下。

10. 真空包装、储藏 对完成速冻的卤味熏野鸭进行真空包装，做好相应标识后储藏待销，并在出厂前做保温试验，确保成品的完好。

二、烤 野 鸡

烤野鸭的特点是外脆内嫩，肉质鲜酥，肥而不腻。

(一) 选料

烤野鸭的原料必须是经过填肥的野鸭，选用55～65日龄、活重1.5千克以上的为最佳。

(二) 宰杀造型

填鸭经宰杀、放血、煺毛后，先剥离颈脖处食管周围的结缔组织，向鸭体皮下组织与结缔组织之间充气，使其保持膨大壮实的外形，然后腋下开膛，取出全部内脏。用8～10厘米长的秸秆由切口内充实体腔，使鸭体造型美观。

(三) 淋洗烫皮

通过翼下切口用清水（水温4～8℃）反复冲洗胸腹腔，直到洗净污水为止。拿钩钩住鸭胸脯上端4～5厘米处的颈椎骨（钩从右侧下钩，左侧穿出），左手握住钩子上端提起鸭坯，用沸水烫皮，使表皮蛋白质凝固，减少脂肪从毛孔中流失，可达到烤制后表皮酥脆的目的。烫皮时，第1勺水要烫刀口处，使鸭皮紧缩防止跑气，然后再烫其他部位。一般情况下用3～4勺沸水即能把鸭坯烫好。

(四) 浇挂糖色

浇挂糖色可使烤制后的鸭体呈枣红色，增加表皮的酥脆性、适口性和不腻性。浇淋糖色方法同烫皮一样，先淋两肩，通常三勺糖水可淋遍全身。糖色的配制用麦芽糖一份、水六份，在锅内熬成棕红色即可使用。

（五）灌汤打色

鸭坯经烫皮上糖色后，先挂阴凉通风处干燥，然后向体腔内灌入100℃汤水70～100毫升，再进炉烤制，这样通过外烤内蒸，达到外脆里嫩的特色。为使挂糖色均匀，鸭坯灌汤后要淋2～3勺棕红色糖水，叫打色。

（六）挂炉烤制

将鸭坯挂炉膛前梁上，右侧刀口向火，让炉温首先进入体腔，促进体内汤水汽化，达到快熟。待右侧鸭坯烤至橘黄色时，再以左侧向火，烤到与右侧同色为止。然后用烤野鸭杆挑起鸭体旋转，烘烤胸脯、下肢等部位。这样左右转侧，反复烘烤，使鸭坯正背面和左右侧都烤成橘红色，便可送到烤炉后梁，背向红火继续烘烤，直到鸭的全身呈枣红色熟透即可出炉。

鸭坯在炉内烤制时间一般为30～40分钟，大鸭需30～50分钟，炉温掌握在230～250℃为宜。炉温过高、时间过长会造成鸭坯烤成焦黑，皮下脂肪大量流失，皮如纸状，形成空洞，失去烤野鸭脆嫩的特殊风味；时间过短、炉温过低会造成鸭皮收缩，胸脯下陷和烤不透，影响烤鸭的质量和外形。另外，鸭坯大小和肥度与烤制时间也有密切关系，鸭坯大、肥度高，烤制时间就长，反之则短。在高温下，由于皮下脂肪的渗出，使皮质松脆、体表焦黄、香气四溢。

三、盐焗野鸡

盐焗鸡为广东名食，并享誉海外。目前，不少人在野外制作盐焗野鸡，风味独特。

（一）选料

选用重量合适的野鸡，要求健康无病、个体稍大。

（二）配料

每10只野鸡需粗盐16～18千克，姜50克，葱10根，八角10颗，纸10张。

（三）宰割

将活野鸡宰杀，放净血，入热水浸烫后煺净羽毛，开膛取净内脏，洗净鸡身内外，挂起晾干水分。

（四）包裹

在每只白条野鸡腹内放入约 5 克姜片、1 根生葱、1 颗八角。将砂纸表面涂上一层薄薄的花生油，分别用以包裹鸡体，要求包严，不要露出鸡体。

（五）盐焗

将粗盐放入铁锅内，加火炒热（至盐粒暴跳即可），先取出一少半，放在有盖的瓦锅内，再把包好的鸡坯放在滚烫的热盐上，然后把另一半热盐均匀地盖在鸡身上，盖好锅盖，放在火炉上用微火加热，焗烤约 20 分钟即熟。出锅后剥去包纸即为成品。

这种盐焗野鸡应趁热食用。食用时将鸡体改刀，再拼摆为整鸡状上席，还要带调味汁上桌，调味汁是用猪油、香油、细盐、沙姜粉、味精等调制而成。

盐焗鸡肉质细嫩，味道清香，皮脆骨酥，鲜美可口，风味独特，颇具开发价值。

第九节　珍禽油炸制品加工

一、炸乳鸽

（一）产品特点

炸乳鸽是广东的著名特产，成品为整只乳鸽，皮色金黄，肉质松脆甘香，是宴会上的名贵佳肴，颇受港澳同胞和海外华侨的欢迎。

（二）操作要点

1. 原料整理　先将乳鸽宰杀、放血、烫煺毛，再去除内脏，冲洗干净。

2. 配料　以 10 只乳鸽（重约 0.6 千克）计算，需清水 5 千克，精盐 0.5 克，蜂蜜 50 克，淀粉 40 克。

3. 浸烫　先配制盐水，水、盐比例按配料比配制，然后将鸽肉坯放入微沸的盐水锅内浸熟，捞出沥干，并用干净毛巾擦净鸽体内的水分。

4. 挂蜜汁　方法是将淀粉与蜂蜜拌匀后均匀涂抹在鸽体上，然后用铁钩挂起晾干。

5. 淋油　用沸腾的热油反复浇淋在晾干的鸽肉上，直至表面呈金黄色、鸽体松脆香酥为止，然后沥油晾凉即为成品。

二、油淋鹌鹑

(一) 产品特点

油淋鹌鹑是在油淋鸡的基础上发展起来的。油淋鸡原为湖南名产，是由炉烤鸭演变而出的，约有一百年的历史。1920年，长沙有一腊味加工商人，根据挂炉烤鸭的原理，选用当年的新母鸡，把烧沸的茶油往鸡身上淋，将鸡淋熟，故名油淋鸡。现在加工的油淋鹌鹑，其产品具有明显的特点：肉嫩、骨小、皮脆、香酥可口。

(二) 操作要点

加工时选用肥壮的鹌鹑，经宰杀去毛，从肘关节处切断翅，去脚，腋下开膛，取出全部内脏，洗净后晾干。用一块长宽适当的木片从翼下开口处插入胸腔，将胸背撑起，投入沸水锅内，使鹌鹑皮肤缩平，然后取出，把鹌鹑全身抹干，用少许稀饴糖放在手心中，从上至下向鹌鹑的双腿吹气，之后送进烤房，将鹌鹑烤到表皮起皱纹时取出，用1根长度适当的竹签将两翅撑起，用小木塞将鹌鹑的肛门塞紧，以小铁钩将鹌鹑体提起，右手用小铁勺舀沸油反复往鹌鹑身上淋，先淋鹌鹑胸部、腿部，后淋背部、头部，肉厚的部位要多淋几勺，油温掌握在90℃左右，如油温过高，易使鹌鹑皮肤起壳糊，里面难熟。大约淋5～8分钟，鹌鹑全身呈金黄色、带亮、有皱纹，说明鹌鹑已淋好。取下竹片和木塞后观察一下，如流浑水说明还没熟，必须再淋几遍，如肚内流出的是清水即为成品。

优质产品形状为颈挽成圆圈，腿皮不缩，有皱纹，色泽金黄，无花斑。油淋鹌鹑要挂在通风处，冬季可保存7～10天，夏季可保存1～2天，如采用真空包装后杀菌，保存期更长。

三、油爆野鸭

(一) 产品特点

油爆野鸭的产品特点是清香滑爽，色泽金黄，味感油润，酥脆微辣。

(二) 原料配方

野鸭1千克，胡椒、花椒、茴香、陈皮、草果、丁香、桂皮各10克，姜

1 片，清水 4～5 千克，冰糖 100 克，盐 120 克，味精 10 克，白酒 50 毫升，白糖 10 克，黄酒 10 毫升，胡椒粉 3 克，植物油 80 克，淀粉 20 克，鸡蛋 1 个。

（三）操作要点

1. 制坯　选取 1 千克左右野鸭宰杀、煺毛、取出内脏，洗净、沥干后放入沸水锅内，滚动几次至肉呈白色，去除血水，捞起沥干备用。

2. 卤坯　取出香料袋，将野鸭坯投入卤汁锅内，加盖后以旺火卤野鸭坯至五成熟，再以大火卤 15～20 分钟，捞出沥干。

3. 润色　用白糖、黄酒、胡椒粉调成米糊状润色剂，将鸭坯吊挂在木架上，用润色剂均匀涂抹于鸭坯各部位。晾 3～4 小时至表皮干硬为止，也可小火烘干。

4. 油爆　鸡蛋与淀粉调成蛋糊。炸锅中油烧至八成热，把蛋糊抹匀于鸭体上，入锅内油炸成金黄色且外酥里嫩时捞出。

四、油炸鸵鸟肉

（一）工艺流程

鸵鸟肉解冻→清水浸洗→烫皮、晾干→上色→压力油炸→卤制→灌装→真空包装→杀菌→冷却→检验→入库

（二）操作要点

1. 解冻、清洗　先将鸵鸟肉流水解冻，再洗去鸵鸟口腔、内膛等处的血水和污物。割除翅、鸟爪和腿，将肉体按要求分割。

2. 烫皮、晾干　将卤液烧开，用勺浇淋到晾干的腿或肉坯上进行烫皮。这样可使毛细血管收缩，利于水分蒸发，同时使表皮蛋白质凝固，皮肤紧缩，炸制后外表具有酥感。同时，还可使鸵鸟肉坯外表美观，表面水分容易晾干，炸制时着色均匀。

卤水配方（以 50 千克水计算）：姜 300 克，葱 100 克，花椒 150 克，陈皮 100 克，丁香 50 克，八角 100 克，草果 100 克，沙姜 150 克，白芷 150 克，胡椒 150 克，姜黄 150 克，味精 150 克，砂糖 5 000 克，食盐 1 000 克，精炼油 4 000 克，猪骨 2 块。

3. 上色　将配制好的上色涂料均匀涂于鸵鸟肉上，涂料时应注意鸵鸟肉表面不沾水、油，以免涂布不均，出现炸后花斑。涂料后应将鸵鸟肉坯挂于架

上晾干，以免糖液黏于锅底，产生油烟味。

上色涂料配方：白糖 40％，蜂蜜 20％，黄酒 10％，精面粉 10％，腌卤料液 18％，辣椒粉 2％。

4. 压力油炸　将压力炸锅内的油温升到 170℃，把上好色的鸵鸟肉放入专用炸筐内，再放入锅中，旋紧锅盖，开始定时、定温、定压炸制，一般 170℃下油炸 2 分钟。

5. 卤制　煮锅内加入适量水（以淹过鸵鸟肉 7～10 厘米为宜）烧开，将肉坯向上码入锅内，葱、姜洗净切大片入锅预煮。香料装入纱布袋内扎好入锅，烧开后加入酱油、大盐、老汤，文火焖制 15 分钟即可出锅。

6. 包装　真空度 1×10^5 帕，抽气时间 40 秒钟。

7. 杀菌、冷却　当升温到 100℃后，应维持锅压在 0.13～0.15 兆帕，当锅内肉体中心温度降到 100℃以下时，关闭高压空气泵。

五、炸珍肝

(一) 原料与配料

原料以各种珍禽的肝脏为主。配料以 50 千克原料珍禽肝脏计算，需要黄酒 1.3 千克，白糖 1.7 千克，精盐 0.9 千克，姜汁 125 克，香辛料少许。

(二) 制作方法

制作方法是将珍禽肝原料放入配料中浸泡 5 分钟，用面粉 5 千克、生粉 5 千克调和后滚糊，再用油炸 4～6 分钟即为成品。

第十节　珍禽肉罐头制品

一、珍禽肉罐头制品的概念

珍禽肉罐头食品是将处理后的珍禽肉类食品密封在容器中，经高温处理使绝大部分微生物消灭，同时在防止外界微生物再次侵入的条件下，获得在室温下长期贮存的保藏方法。肉类罐头的加工是将肉类食品装入马口铁罐、玻璃罐或软包装中，经排气、密封、杀菌而制成的食品。由于肉类食品的原料和肉类罐头食品的品种不同，各种肉类罐头的生产工艺各不相同，但基本原理是相同的。

二、几种珍禽肉罐头的加工方法

（一）野鸭罐头

1. 工艺流程

原料野鸭→宰杀→预处理→预煮→油炸→切块→复炸→装罐→调味→密封
→杀菌→冷却

2. 操作要点

（1）预煮　经预处理后的野鸭放于夹层锅内预煮 2 分钟左右，煮至野鸭肉
无血水为止。取出拔去残毛。

（2）油炸　将野鸭放入热水中保温 3～5 分钟后取出沥干水分，涂上色液
（1 份葡萄糖和 10 份黄酒的混合液）油炸。油温 210℃左右炸 30 秒钟至野鸭肉
红褐色为止。

（3）切块　将颈、翅切成不超过 4 厘米的小段，野鸭肉可切成 6～8 厘米
的块状。

（4）复炸　将切好的野鸭肉块于油温 180℃左右复炸 2～3 分钟，鸭翅复
炸 1.5 分钟左右，分别放置。

（5）配料及调味油配制

①配料配制　野鸭肉块 100 千克，精炼花生油 3 千克，姜 0.8 千克，黄酒
1 千克，砂糖 1.6 千克，葱 8 千克，桂皮 0.3 千克，玉果粉 0.4 千克，味精
0.32 千克，水 40 千克，酱油 1.6 千克，盐 1.0 千克。先将姜、葱、桂皮熬成
香料水，油加热后再将玉果粉炒拌 5 分钟，再倒入加盐香料水和各种配料继续
炒拌成汤汁为止。取出的野鸭油可做调味油。

②调味油配制　精炼花生油 100 千克，茴香 2.76 千克，姜 4 千克，洋葱
15 千克，玉果粉 2.25 千克，水 6.5 千克。先拍碎姜，再将玉果粉和水拌和。
油加热至 160℃左右后投入各种配料。熬至洋葱呈黄褐色，取出过滤备用。

（6）装罐　装罐量为 962 克，净重 250 克，其中野鸭肉 235 克、调味油
15 克。

（7）排气及密封　92℃下排气密封，排气时间为 18 分钟，抽气密封真空
度为 $4.67×10^4$ 帕以上。

（8）杀菌及冷却　杀菌公式为 15 分钟—80 分钟反压冷却／121℃。

3. 产品质量标准　肉色正常，具有该品种应有的酱红色或红褐色；具有
鸭罐头应有的滋味及气味，无异味；肉质软硬适度，允许稍有脱骨及破皮现

象；块形整齐，每罐 3～5 块，搭配大致均匀，允许另加颈（不超过 4 厘米）和翅（翅尖斩去）各 1 块，净重 250 克；汤汁不超过 10 克；食盐含量为 1.5％～2.5％。

4. **注意事项** 本产品的食盐含量要严格控制，油炸要适度，若油炸过度，则肉质较老、色泽发焦，油炸不足时脱水率较差，影响成品的固形物含量。

（二）咖喱火鸡罐头

1. **工艺流程**

原料火鸡→宰杀→处理→油炸→装罐→加入咖喱酱→密封→杀菌→冷却

2. **操作要点**

（1）**原料处理** 将处理后的火鸡体架和火鸡腿切成 4 厘米×4 厘米的方块，分别放置，颈和翅膀油炸后，再斩成不超过 4 厘米的小段。面粉炒至淡黄色过筛。咖喱粉、胡椒粉、红胡椒粉及姜黄粉均需过筛，筛孔为 224～250 目。

（2）**配料及其调制方法**

①配料 火鸡肉 100 千克，黄酒 0.15 千克，面粉 0.45 千克，精盐 0.15 千克。鸡块先与黄酒、精盐拌匀，再加入面粉拌匀，翅膀和头、颈、火鸡体架、火鸡腿分别拌料。用精制植物油（或鸡油）加热至 180～210℃，油炸 45～90 秒钟至火鸡肉表面呈淡黄色取出。火鸡肉得率 65％～80％，火鸡腿得率 80％～85％，颈和翅得率为 80％～90％。

②咖喱酱配方 精制植物油 20 千克，炒面粉 8.5 千克，咖喱粉 3.75 千克，姜黄粉 0.5 千克，红辣椒粉 0.05 千克，精盐 3.7 千克，洋葱末 4 千克，蒜末 3.5 千克，味精 0.575 千克，砂糖 2.25 千克，清水 100 千克，姜末 2.5 千克。

③调制方法 将油加热至 180～210℃时取出，依次冲入盛装洋葱末、蒜末、姜末的桶内，搅拌煎熬至有香味。将炒面粉、精盐、砂糖用水调成面浆过筛，用水在配料中扣除。然后，将油炸的洋葱末、蒜末、姜末和植物油的混合物倒入夹层锅，加入清水，将姜黄粉、红胡椒粉、咖喱粉、味精逐步加入，搅拌均匀，煮沸后加入面粉，迅速搅拌，浓缩 2～3 分钟，防止面粉结团，最终产品质量为 145～150 千克。

（3）**装罐** 罐重 781 克，净重 312 克，其中火鸡肉 160 克、咖喱酱 125 克。

（4）**排气及密封** 排气密封时肉品中心温度不应低于 65℃，抽气密封真空度为 $5.07×10^4$～$5.60×10^4$ 帕。

（5）杀菌及冷却

①杀菌公式（排气） 15分钟—60分钟反压冷却／121℃（反压1.47×10⁵帕）；

②杀菌公式（抽气） 20分钟—60分钟反压冷却／121℃。

3. 产品质量标准

（1）色泽 肉色呈油炸黄色，酱体褐黄色。

（2）滋味、气味 具有咖喱火鸡罐头特有的滋味及气味，无异味。

（3）组织形态 肉质软硬适度，酱体稠厚适中。每罐装5～7块，搭配带皮颈（不超过4厘米）或翅（翅尖斩去）1块，块形大致均匀，允许另添加小块1块，净重312克。

（4）固形物 火鸡肉（包括骨）加油不得低于净重的60%。食盐含量为1.2%～2.0%。

4. 注意事项 控制油炸得率，火鸡肉得率70%～80%，翅膀及颈得率82%～90%。若咖喱酱配制不当开罐后易出现汁液与油汁分离等现象。因此，要严格控制温度与时间，并将面粉拌匀。若香味不足，主要是咖喱粉质量不好，可试加适量玉果粉或丁香粉。

（三）红烧鸵鸟肉软罐头

鸵鸟肉蛋白质含量高，保健作用强，味道鲜美，易于消化，营养丰富，不仅必需氨基酸含量比其他肉类高，而且富含磷脂，胆固醇含量低，深得广大消费者的喜爱。

1. 工艺流程

原料鸵鸟的选择→鸵鸟肉的整理→汤料配制→烧制→焖煮→装袋→真空封口→杀菌→冷却→装袋→成品

2. 操作要点

（1）原料肉的选择与整理 制作红烧鸵鸟肉软罐头的原料肉必须选择健康无病、体重3千克以上的成年鸵鸟，经刺杀放血、开膛、清除内脏、胴体冲洗沥干后进行检验，符合国家GB16869—2005《鲜鸡肉卫生标准》的肉即可作为原料肉。将原料肉切成3～4厘米见方的小块，肉块之间不得相互粘连。

（2）配制汤料

①汤料配方 按原料肉重量为100%计，姜0.3%，生葱0.3%，八角0.1%，琼脂0.8%，桂皮0.1%，花椒0.05%，草果0.05%，味精0.08%，

酱油适量，骨头汤 50％。

②配制方法　先熬制骨头汤，将鸵鸟骨清洗干净，砍成 10 厘米以下的小段，放入锅中，按骨重 200％的比例加入清水，旺火煮开后文火熬制，待骨头与残肉自然分离时即可捞出骨头，过滤，冷却备用。然后，将姜、葱洗净，绞碎或切成细块，将骨头汤倒入锅中，加入葱、姜、适量桂皮、花椒、草果、八角等，用纱布包好扎紧，放入骨头汤内，熬煮 30～40 分钟。结束熬煮前加入味精和酱油，充分拌匀，出锅即为配好的汤料。

（3）烧制

①配方　按原料肉重量为 100％计，鸵油 2％～3％，猪油 2％～2.5％，食盐 2％～2.5％，料酒 2％～3％，砂糖 2.5％，酱油 1％～2％，陈皮丝 0.3％，辣椒 0.2％。

②烧制方法　先将鸵油和猪油倒入锅中加热，放入陈皮丝和辣椒，再放切块的鸵鸟肉，用大火翻炒，炒至表面收缩时加入料酒用量的三分之一，边炒边拌，然后分别加入食盐、砂糖和酱油。烧炒时间不能太短，也不能太长，以免影响成品肉块的食用品质。一般全过程控制在 15～20 分钟。

（4）焖煮　先按鸵鸟肉与汤料比 4∶1.5～2 的比例放入锅内，加盖焖煮，当焖煮 15 分钟左右时，加入剩余三分之二的料酒，拌炒均匀，再焖煮 15 分钟左右，待肉块基本上熟透便可出锅。先捞出鸵鸟肉，再将汤汁用铁丝网漏勺过滤，肉、汤分开放置。

（5）装袋　采用塑料蒸煮袋装，每袋净重 530 克，其中肉块 291 克，汤料 239 克。装袋时，要求将不同类型肉块相互搭配，装好称量，再配以热汤料，以保持软罐头肉块均匀一致。

（6）真空封口　采用真空包装，真空度为 $0.9×10^4$ 帕。

（7）杀菌及冷却　杀菌公式为 15 分钟—45 分钟—15 分钟／121℃。杀菌后分段冷却。当温度降低到 45℃以下时可拿出装袋，待充分冷却后入库保温。要防止未经充分冷却而入库，影响产品色泽和风味。

3. 产品质量标准

（1）色泽　肉色正常，呈酱红色或橙红色。

（2）滋味、气味　具有红烧鸵鸟肉罐头应有的滋味和气味，无异味。

（3）组织状态　肉块大小均匀，长、宽各 3～4 厘米，块间不相连，肉质软硬适宜，形态完整，搭配均匀，每袋添加小肉块不超过 3 块。

（4）净重　净重 530 克，允许上下误差 3％，但加热去汁后鸵鸟肉固形物（带骨）不得低于净重的 60％。

（5）含盐量 1.5%～2.5%。

（6）微生物指标 致病菌不得检出，无微生物引起的腐败现象。

第十一节 其他珍禽产品加工

一、脆嫩野鸭肫片

（一）产品特点

精心加工的野鸭肫干片入口香脆，有多种味道，耐咀嚼，脆嫩香酥，既是很好的休闲食品，又是家庭、宾馆餐桌上的一道佳肴。

（二）操作要点

1. 剖开 野鸭肫的外形好像蛤蜊，加工时从右面的中间用刀斜行剖开半边，刮去野鸭肫里面的一层黄皮和余留的食物。

2. 洗净 用清水洗净内外，洗时须细心用手指在肫内抹去污液。为了洗净肫内脏物，可用少许盐轻轻在肫内擦去酸臭余物，如洗不干净，酸臭气味存留于肫内，就会影响成品质量。

3. 卤腌 野鸭肫洗净后，用盐水腌制，盐水与肫重的比例为1.3∶1，配料是每100千克沸水溶盐21千克、糖0.5千克，冷却到室温，放入净炖内，加盖压入液面以下10～20厘米，腌8～12小时，腌制时按0.1克/千克加入亚硝。卤腌后鸭肫颜色呈粉红色，美观漂亮。

4. 卤煮 肫重与卤水的比例为1∶1.3，按100千克野鸭肫计，加入丁香30克，肉蔻50克，草果、八角、花椒、陈皮各40克，白糖2.5千克，白酱油0.2千克，酒0.5千克，葱、姜各150克。葱姜不要切得太细，切成大片即可，香料用纱布包扎好，煮沸3分钟或80℃下煮30分钟，再焖煮15分钟。出锅放入盘中冷却。

5. 切片 用手工或切片机将鸭肫切成0.3厘米厚的薄片。

6. 浸卤 用卤汁的原汁，按原汁10千克计，加酱油1千克，糖0.5千克，姜15千克，味精、鲜辣粉各30克，辣油50克，混匀煮沸，将肫片快速浸烫10～15秒钟，立即捞出入干燥箱烘至干燥。

7. 干燥 捞出后入干燥房，80℃下干燥5分钟，冷却后即为成品。成品用真空包装或盒装，成品率为50%，即干制品约为新鲜鸭肫重量的50%。

二、精制贵妃鸡肠

(一) 产品特点

加工后的贵妃鸡肠色泽洁白、漂亮美观、脆嫩可口，既是火锅的极好食材，又可凉拌食用，也可煎、炸、炒后食用。

(二) 操作要点

1. 剖肠　用尖手术剪剖肠。
2. 冲洗　洗尽肠内禽便，反复冲洗 2~3 次，沥干。
3. 浸烫　80~85℃热水浸烫 3~5 分钟。
4. 检查　除去肠黏膜上大块肠油、粪草及杂物等。
5. 沥水　竹篮或塑料篮沥水 30 分钟。
6. 净肠称重　沥干水后的原肠称重。
7. 精制　加原肠重 2 倍的 5%过氧化氢（双氧水）水溶液浸渍鸡肠，水溶液温度为 15~25℃，浸渍时间为 12~20 小时。
8. 起水沥干　沥干 30 小时或先用清水冲洗 1~3 次后再沥干水分，即可包装冷冻出售。
9. 冷却浇盘　在预冷库冷却后，装入特定的瓷盘内，冷冻成型，每块重量 250~500 克。冷冻成型后脱盘，装入塑料袋内，继续冷藏，此过程可免去冷却浇盘，直接装入塑料袋内进行冷冻。

三、精制去骨野鸭掌

(一) 产品特点

通过本方法加工的精制野鸭掌色泽纯白、美观漂亮，产品脆、嫩，口感极好，一般作为高档火锅的食料，也可以凉拌食用，产品特色极其明显。

(二) 操作要点

1. 整理　将割下的野鸭脚剥去外鳞壳，撕尽脚掌黄皮，清洗沥干。
2. 热漂　将整理后的野鸭脚放入锅内，加水覆盖煮沸 10 分钟左右，冷却待用。
3. 去骨　先去骨，再去五指关节骨（机械扯出）。要求肉不糜烂、脚掌完整。

4. 称重 将去骨后的野鸭脚掌称重待用。

5. 精制 用去骨脚掌重 2 倍的 6.5％食品级过氧化氢水溶液浸没。浸没时间为 15～20 小时，温度为 15～25℃。

6. 漂洗沥干 用清水漂洗 2 次，沥干。

7. 装盘冷冻 装入特制盘内成型冷冻即为成品，可上市销售。

四、风腊鹧鸪肫干

(一) 产品特点

风腊鹧鸪肫干属于腌制品，也属于干制品，产品酥脆，食时切片，食用方法多样，且保存时间长。色泽黑而发亮，味道鲜美，营养价值高，便于携带，食用方便。

(二) 操作要点

1. 开剖 在肫右面的中间用刀斜行剖开半边，洗尽肫内粪便等污物。

2. 去内筋 用手撕或刀刮去鹧鸪肫内一层黄皮，然后用清水洗净内外，再用鹧鸪肫重 5％的食盐搓揉，擦去肫内酸臭物质，以免使成品有酸臭味，然后用清水洗净，沥干。

3. 腌制 每 100 只鹧鸪肫用盐 0.75 千克，加硝酸盐 20 克，拌匀擦匀，腌制 24～48 小时。

4. 漂洗 用清水漂洗 2 次，每次浸漂 30 分钟，洗净附着在肫上的污物及盐中溶解的物质。

5. 穿绳露晒 用麻绳将肫边穿起来，每 10 只 1 串，在日光下晒干，一般晒 3～5 天，晒到七成干时取下整形。

6. 整形 把鹧鸪肫干放在桌上，右手掌的掌部放在肫上，用力压扁搓揉 3～4 次，将鹧鸪肫两块较高的肌肉成扁形，使鹧鸪肫外观改善，且易干燥。

7. 阴凉保存 将制好的鹧鸪肫晾挂在室内通风凉爽处保存，晾挂时间最多为 6 个月，出品率 50％。

8. 包装 真空包装，外套纸盒即可上市销售。

9. 冷水浸泡 食用前用冷水浸泡，使之回软，并清洗干净，放在冷水中煮沸后用微火煮 1 小时即可出锅，冷后切成薄片，食之香、脆、嫩、鲜，美味可口。

五、其他产品

我国传统珍禽熏制品的加工大多是在煮熟之后进行熏制,如熏鸡、熏鸭等。经过熏制加工以后使产品呈金黄色,表面干燥,具有烟熏气味,增加耐保藏性。

(一) 熏火鸡

1. 选料　将选好的肥火鸡宰杀、煺毛、摘取内脏,爪弯曲插入火鸡的腹内,头夹在翅膀下,放在冷水中浸泡10小时,取出沥干水分。

2. 烫皮　将沥干的火鸡放在老汤中煮沸10～15分钟,使其表面肌肉蛋白质迅速凝固变性,体型收缩,消除异味,易于吸收配料。

3. 煮制　将初煮紧缩的火鸡重新放入老汤中煮制,温度保持在90℃左右,不宜沸煮,经3～4小时煮熟捞出。

4. 熏制　将煮熟的火鸡单行摆在熏屉内装入熏锅中进行熏制。熏烟的调制通常以白糖与锯末混合放入熏锅内,干烧锅底使其发烟。熏制约20分钟即为成品。

(二) 熏鹧鸪

熏鹧鸪呈枣红色,香味浓郁,肉质细嫩,具有熏制品独特的香味。

1. 配料　选用当年较大的鹧鸪,每10～15只的配料为食盐250克,香油25克,白糖50克,味精5克,陈皮3.8克,桂皮3.8克,胡椒粉1.3克,辣椒粉1.3克,五香粉1.3克,砂仁1.3克,豆蔻1.3克,沙姜1.3克,丁香3.8克,肉桂3.8克,草蔻2.5克。

2. 原料的整理　宰杀放血、烫毛后用酒精灯烧去鹧鸪体上的小毛、绒毛。腹下开膛,取出内脏,用清水浸泡1～2小时,待鹧鸪酮体发白后取出。在鹧鸪胴体下胸脯尖处割一小圆洞,将两腿交叉插入口腔,使之成为两尖的造型。酮体煮熟后,脯肉丰满突起,形体美观。

3. 煮制　先将成汤煮沸,取适量成汤浸泡配料约1小时,然后将鹧鸪酮体入锅,加水以淹没鹧鸪为宜。煮时火候适中以防火大导致皮开裂。先用中火煮1小时再加入盐,嫩鹧鸪煮1.5小时、老鹧鸪煮2小时即可出锅。出锅时用特制搭钩轻取轻放,保持体形完整。

　　4. 熏制　出锅趁热在鹧鸪体上刷一层芝麻油和白糖，随即送入烟熏室进行烟熏约 10～15 分钟，待鹧鸪体呈红黄色即可。熏好后再在鹧鸪体上刷一层芝麻油，以增加香气和保藏性。

第二章

特种动物产品加工 >>>>>

第一节　驴肉产品加工技术

一、驴肉的营养价值

驴具有肉、皮、药、乳等多种经济用途，目前全世界约有毛驴 4 000 万头，我国是世界上养驴最多的国家，年存栏量约为 1 000 万头。

我国主要驴的品种有德州驴、佳米驴、泌阳驴、东海驴等。驴已由以前的役用为主转向肉用方向发展。

驴皮是熬制驴皮胶的原料，成品称阿胶，具有很好的补血、护肤、养颜功效。驴肉可用于心虚所致心神不宁的调养，还有很好的美容功效。

驴肉是一种高蛋白、低脂肪、低胆固醇的肉类，还含有碳水化合物及人体所需的多种氨基酸。驴肉蛋白质含量比牛肉、猪肉高，而脂肪含量比牛肉、猪肉低，是典型的高蛋白质低脂肪食物。另外，它还含有动物胶、骨胶原、钙、硫等成分。驴肉的肌肉纤维比马、骡、骆驼的肌肉纤维细，其肌间结缔组织不甚发达，因而其口感鲜美。

二、驴肉灌肠制品的加工

灌肠制品是以畜禽肉为原料，经腌制（或不腌制）、斩拌或绞碎而使肉成块状、丁状或肉糜状态，再配以其他辅料，经搅拌或滚揉后，灌入天然肠衣或人造肠衣内经烘烤、熟制和熏烟等工艺而制成熟制灌肠制品或不经腌制和熟制而加工成需冷藏的生鲜肠。

（一）驴肉肠的制作方法

1. 原料　包括驴肉、绿豆淀粉、肠衣、香油、大葱、鲜姜、五香粉、胭脂红色素、食盐、白糖、松木锯末、味精等。

（1）驴肉　做驴肉肠一般用生驴肉，驴肉的要求一般不必太严格，肥瘦情况要保持 9 份瘦肉 1 份肥膘为好，肉太肥使成品不凝结，切片性能差，肉太瘦成品没有香味，降低产品的质量。

（2）绿豆淀粉 绿豆淀粉口感好、持水性好，这种淀粉在淀粉当中是品质最高的一种，它分为干品和湿品两种。干品耐运输、存放，一般大淀粉厂生产这个品种。湿品一般由小淀粉厂或作坊生产，用湿淀粉生产的产品和干淀粉比较切面亮度大，柔韧性高。从总的使用情况看，一般 1 千克干淀粉等于 1.5 千克湿淀粉。

（3）肠衣 做驴肉肠的正宗肠衣是驴、马、骡的小肠，用这种肠衣生产出的驴肉肠香味十足，是原始驴肉肠，但这种肠衣数量有限，不宜长时间存放，从而使驴肉肠不能大批量生产。工业生产可采用蛋白肠衣代替。

蛋白肠衣和原肠衣相比的优点是：

①可以批量生产，不受原肠衣数量的限制。

②产品成熟快、生产周期短。

③蛋白肠衣是干肠衣，存放时间长。

蛋白肠衣的蒸煮温度以 95℃ 以下为宜，不可长时间开水蒸煮。

（4）香油 以小磨香油为好，可增加呈味性。最好不用长时间的积压品。

（5）大葱、鲜姜 大葱只用葱白，要求用快刀剁碎，不能用绞肉机绞碎。

（6）五香粉 五香粉即调料粉，它的配方比例是：八角 4 克，花椒皮 2 克，小茴香 2 克，沙姜 1 克，白芷 3 克，良姜 2 克，香叶 1 克，丁香 1 克，肉蔻 1 克，沙仁 2 克。将五香粉文火炒干有香味后，用粉碎机加工成 120 目以下的粉末，用不透气的塑料袋包好备用。

（7）松木锯末 松木锯末是红松、黄花松加工时留下的锯末，有一种特殊的香味，用它和白糖按 1∶1 混合后熏肠。

2. 工艺流程

原料清洗、修整→绞肉→配料、制馅→肠衣处理及灌肠→煮制→烟熏→成品

3. 操作要点

（1）绞肉 把洗干净的肉用绞肉机绞 2 遍，用胭脂红加水稀释后调肉，至浅红色为止。

（2）配料 驴肉 3 千克，食盐 0.5 克，味精 200 克，碎葱、姜末各 250克，香料面 70 克，一同放入盆中搅匀。

（3）制馅 先称淀粉 3 千克放入一铝盆内，加凉水 1.8 千克，使淀粉成湿泥状，然后向盆内倒入开水 12.5 千克，要一边注水一边用肉钯搅和，防止肉

遇热结块，加完开水后再加入 1.8 千克凉水搅匀。把处理好的淀粉放入盆中搅拌至均匀为止，最后加入香油 350 克。

（4）肠衣的处理　把蛋白肠衣断成 110 厘米的段，放入温水中泡 10 分钟左右，在一端扎一个扣，扣的一端要留约 3 厘米左右的肠衣，以便灌上馅以后打圈系绳用。

（5）灌肠　把漏斗插入肠衣中，用左手握住肠衣与漏斗的连接处，右手持水舀把制好的馅灌入肠衣，为防止淀粉和肉沉淀，要随灌随用水舀搅和。为防止在煮制时肠衣破裂，馅不要灌得太满，一般要留 10 厘米左右的空隙，把空气排净，打上扣，然后把灌好的肠子对折，用棉线绳把两头系在一起放入平盘内等下锅煮制。

（6）煮制　先把水烧开，然后倒肠，目的是使肠内的淀粉、肉、水和油充分混合，一般向前转三四圈，再向后转三四圈，确实无沉淀后顺着锅边把肠全部放入锅内。从肠子下锅起就开始翻肠，翻肠的工具是两根直径 3 厘米左右、长 60 厘米左右的木棍。要做到翻肠准确，没有死角，同时开启吹风机起火，水的温度如不用温度表控制，则以水表面微微沸腾为准。如果一开始翻肠操作不熟练，肠子下锅的前 10 分钟可两人翻肠，这样可避免肠内肉和淀粉沉淀。10 分钟后淀粉发生凝结，翻肠的频率可适当放慢，水温控制在 90℃ 左右即可，肠子从下锅到出锅约 20 分钟。

（7）烟熏　烟熏的目的是增加产品的特殊香味、延长产品的保质期以及赋予产品诱人的色泽。

出锅的肠子放在案板上，凉 5 分钟左右，把肠子串在竹竿上开始熏肠，肠与肠之间要有 1 厘米的间隙，做到熏制无死角，下边的铁篦子一定要把肠子托好，做到上吊下托，不使肠衣在烟熏时断裂，最后放上调好的熏料，把锅盖好，压严，锅下生火进行烟熏，7～8 分钟后，掀开熏锅的一角查看产品的上色情况，如上色均匀即可出锅。出锅后的驴肉肠应用软布抹上香油（用毛刷刷也行），目的是防止肠子干皮起皱，延长保存期。

（二）驴肉火腿肠的加工

驴肉是一种优质的肉类原料，且来源比较丰富，加之成本低、利润高、经济效益好，因而可将其深加工成为使用方便的驴肉火腿肠。驴肉火腿肠为驴肉资源的开发利用开辟了一条新途径。

1. 配方　驴肉 3.5 千克，猪肥膘 1.5 千克，食盐 150 克，料酒 100 克，白糖 20 克，花椒面 10 克，胡椒面 10 克，姜粉 10 克，味精 5 克，亚硝酸钠

0.5 克，抗坏血酸 2.5 克，复合磷酸盐 15 克，红曲色素 1 克。

2. 工艺流程

原料清洗→修整切条→绞肉→斩拌→腌制→充填→杀菌→冷却→包装→成品

3. 操作要点

(1) 预处理 原料经选择、修整、洗净后，将水沥干，驴肉切成 5～7 厘米宽的长条，猪肥膘切丁，冷却至 0～4℃待绞制。

(2) 绞肉 将冷却后的驴肉送入绞肉机，用筛孔直径为 3 毫米的筛板绞碎。绞制时应控制肉的温度不高于 10℃，因为肉温升高就会对肉的黏着性产生不良影响，还会使脂肪融化成油脂，导致脂肪分离，从而使产品质量下降。因此，在绞制前将肉切成小块以及进行冷却都是控制肉温的必要手段。还可将部分驴肉用筛孔直径为 8 毫米的筛板进行粗绞，再加入斩拌后的肉馅中混合均匀，这样可提高产品的咀嚼性，更能体现驴肉的特有品质。

(3) 斩拌 斩拌是形成肠体质构的重要工序。斩拌的作用首先是乳化，通过乳化作用增加肉馅的保水性和出品率，减少油腻感，提高嫩度，同时改善肉的结构状况，提高制品的弹性，并使瘦肉和肥肉以及各种辅料充分混合拌匀，提高肉馅的黏着性。斩拌时，将绞碎的原料肉倒入斩拌机的料盘内，先用搅拌模式搅拌几圈后加入适量冰水，再转为高速斩拌模式，同时依次加入腌制剂、调味料、香辛料、其他添加剂和肥膘丁。当肉馅温度上升至 12℃左右时加入适量冰水，为控制温度，冰水分 2～3 次加入，也可添加冰屑，肉馅的最终温度以控制在 10～12℃为宜。斩拌完成后再用搅拌模式搅拌几圈，以排出肉馅中混入的空气。

(4) 腌制 腌制可赋予制品良好的色泽，稳定肉色。提高保水性和黏着性，改善制品风味，在延长产品保存期方面也起着非常重要的作用。将斩拌后的乳化肉馅置于 0～4℃下进行快速腌制，放置 1 天即可完成腌制。

(5) 充填 将肉馅倒入充填机的料斗内，按照预定充填的重量，灌入 PVDC（聚偏二氯乙烯）肠衣内，打卡结扎。

(6) 杀菌 将充填完毕经检查的肠坯（无破漏、夹肉、弯曲等）放入杀菌锅内进行杀菌处理。不同重量、大小的产品其杀菌时间有所差别，规格为 58 克的产品杀菌时间为 23 分钟。杀菌处理后经充分冷却即为成品。

4. 产品质量标准

(1) 感官指标

①外观 肠体均匀饱满，无损伤，表面干净，密封良好，结扎牢固，肠衣

的结扎部位无内容物。

②色泽　断面呈淡粉红色。

③质地　组织紧密，有弹性，切片良好，无软骨及其他杂物。

④风味　咸淡适中，鲜香可口，具有驴肉特有风味，无异味。

（2）理化指标

蛋白质≥12％，脂肪≤16％，亚硝酸盐残留量≤30毫克/千克，其他食品添加剂符合 GB2760。

（3）微生物指标

菌落总数≤50 000cfu/克，大肠菌群≤30cfu/100 克，致病菌不得检出。

（三）永年驴肉香肠的加工

河北省永年县临洺关镇的驴肉香肠迄今已有 100 多年的历史。其肠皮呈栗色，光亮透明，食之油而不腻，清香可口，风味别具一格。

1. 配方　驴肉 50 千克，绿豆淀粉 25 千克，水 62.5 千克，香油 15 千克，精盐 3 千克，姜 12.5 千克，味精 250 克，小茴香 125 克，花椒粉 125 克，肉蔻粉 120 克。

2. 工艺流程

原料肉选择→配料→制馅→拌馅→灌制→煮制→烟熏→成品

3. 操作要点

（1）选料　原料肉选择新鲜驴肉，去掉软骨、筋腱、淋巴结、皮毛、血块等污物，用清水洗净，沥干备用。

（2）制馅　将选好的驴肉用 16 毫米孔径筛板的绞肉机粗绞 1 遍，再用小孔径的筛板细绞 1 遍。为了增加黏性，还可进行第二次细绞，绞肉时的温度不能超过 10℃。

（3）拌馅　将配料中的驴肉、食盐、味精、及其他辅料与三分之一的水放入斩拌机中进行搅拌混合。淀粉用剩余三分之二的水溶解后加入到上述肉馅中再次搅拌，最后加入香油充分搅拌，直到肉馅均匀、发黏、无浮油为止。

（4）灌制　新鲜的驴小肠衣清洗干净，沥去水分。如用干肠衣则用温水浸泡使其复原到湿肠状态。搅拌好的肉馅放入灌装机中开始灌肠，每根灌肠长 60 厘米，灌九成满。肠的两端并拢，用线绳扎牢，使肠成环状，要注意在结扎之前将肠两端的空气排干净。

（5）煮制　煮制前先整理肠体使肉馅在肠内分布均匀，防止煮时肠体破裂。整好的肠体放入 100℃ 的沸水锅中，轻轻翻动，待肠体浮起后水温保持在

90～95℃煮制1～1.5小时即可。煮熟的标准是用手捏肠体挺括有弹性,肉馅发干有光泽,否则未煮熟。

制馅、煮制是关键,在加工过程中,制馅、煮制的方法和温度一定要准确、到位,否则会影响产品质量。灌制时灌馅应注意松紧得当,灌装过松影响香肠的弹性和结着力,过紧在煮制时肠体会破裂。

(6)烟熏 煮好的肠体出锅,沥干,放入熏炉中烟熏。用果木屑作为烟熏剂熏制10分钟左右,当肠衣表面产生光泽,透出肉馅红色时出炉即为成品。

烟熏的作用:

①呈味作用 熏烟中许多有机化合物附着在制品上形成特有的烟熏香味,酚类中的愈创木酚和4-甲基愈创木酚是最重要的风味物质。

②发色作用 烟熏与蒸煮结合有利于形成稳定的腌肉色泽,还可促使制品表面形成棕褐色(熏烟中羰基与肉中蛋白质或其他含氮物中的游离氨基发生美拉德反应的结果)。烟熏时因受热而使脂肪外渗,使肉色有光泽。此外,制品色泽还受燃料种类、熏烟浓度、树脂含量、温度和表面水分的影响。

③杀菌作用 烟熏对细菌影响很大,温度13℃、较高浓度烟熏和30℃、较低浓度烟熏都能显著降低微生物数量。熏烟中含有的酚、醛、酸等物质具有杀菌和防腐作用。烟熏时失去部分水分能延缓细菌生长。

④抗氧化作用 熏烟中的酚类具有很强的抗氧化特性。所以,烟熏使驴肉香肠形成了特有的风味和色泽,并延长了储藏期,使驴肉香肠在常温下可保存3～7天。

4. 产品质量标准

(1)感官指标 成品香肠呈环状,粗细均匀一致;外观暗红色,肠皮干燥完整,鲜明油亮有弹性;切片时肠衣与肉馅附着紧密,切面坚实而湿润;肉质鲜嫩,口味鲜美,咸淡适中,香味四溢。

(2)微生物指标 菌落总数≤20 000cfu/克,大肠杆菌≤30cfu/100克,致病菌不得检出。

5. 香肠保鲜方法

为了扩大驴肉香肠产品市场,延长产品的货架期,以下介绍几种驴肉香肠的保鲜方法。

(1)冷却保鲜法 冷却保鲜是将肉制品冷却到0℃并在此温度下储藏。此法耗能低,投资少,是常用的保鲜方法。冷却方法有空气冷却、水冷却、冰冷却和真空冷却等,我国主要采用空气冷却法。在适宜的冷藏条件下,可使香肠货架期延长10～15倍。但冷却储藏有干耗、表面发黏和长霉、变色、变软等缺点，故冷却保鲜法常与其他方法结合使用。

（2）真空包装法　真空包装指除去包装袋内的空气，经密封使食品与外界隔绝，使好氧性微生物的生长减缓或停止，减少蛋白质分解和脂肪氧化酸败。乳酸菌和厌氧菌增殖使 pH 降低，进一步抑制其他菌的生长，从而延长货架期。

真空包装的主要作用：①抑制好氧性微生物的生长，并避免外界微生物的污染；②减缓肉中脂肪氧化速度，对酶活性也有一定的抑制作用；③减少产品失水，保持产品重量；④产品整洁，增加市场效果。然而，真空包装易使产品变形、肉汁渗出、影响色泽，虽抑制了大部分好氧菌但无法抑制假单胞菌生长。真空包装常与其他方法结合使用，如抽真空后再充入二氧化碳等气体，还可与常用的防腐方法如脱水、腌制、热加工等结合使用。香肠经 8 千戈瑞^{60}Co γ射线照射后再真空包装，可使制品在室温下储藏 1 年，也可防止储藏过程中香肠的氧化褪色和脂肪酸败。

（3）气调包装法　气调包装法是通过控制包装内部的气体成分（充入特殊的气体或气体混合物），抑制微生物生长和酶促腐败，延长食品货架期的一种方法。气调包装有保持产品色泽、减少汁液渗出的作用。

气调包装使用的气体主要是二氧化碳、氮气、氧气、一氧化碳。二氧化碳性质稳定，无色、无味，在充气包装中的主要作用是抑菌。高浓度二氧化碳可抑制好氧菌、某些酵母菌和厌氧菌的生长。氮气是惰性气体，性质很稳定，对肉色和微生物没有影响，主要作填充和缓冲物质用。氧气在充气包装中的作用是保持鲜肉的色泽，但氧气的存在有利于好氧微生物生长，可使肉中不饱和脂肪酸氧化酸败，所以可用少量一氧化碳代替氧气来护色。近年来，将气调包装与低温冷藏结合起来延长保鲜期是研究热点。

（4）化学保鲜法　化学保鲜是利用化学合成的防腐剂和抗氧化剂防止鲜肉和肉制品腐败变质。常用的化学保鲜剂有：

①有机酸及其盐类　如山梨酸及其钾盐、苯甲酸及其钠盐、乳酸及其钠盐等。

②脂溶性抗氧化剂　如丁基羟基茴香醚（BHA）、二丁基羟基甲苯（BHT）、特丁基对苯二酚（TBHQ）、没食子酸丙酯（PG）。

③水溶性抗氧化剂　指抗坏血酸及其钠盐。但有些抗氧化剂如丁基羟基茴香醚、二丁基羟基甲苯、特丁基对苯二酚有潜在的毒性和致癌作用，所以使用天然抗氧化剂如 α-生育酚、茶多酚、黄酮类等是今后的发展方向。保鲜剂与其他方法配合使用可收到良好的防腐保鲜效果。冷却肉经天然保鲜液处理后低

剂量（2千戈瑞）辐照，再经真空包装、（3±1）℃冷藏可最大限度地延长货架期。

（5）生物保鲜法　生物保鲜法是利用乳酸链球菌素、溶菌酶等生物制剂延长肉制品保质期的方法。

乳酸链球菌素是从乳酸链球菌的发酵产物中提取的一类多肽化合物，它在酸性条件下稳定，对许多革兰氏阳性菌有抑制作用，如乳杆菌属、链球菌属、葡萄球菌属及微球菌属等，而对革兰氏阴性菌无效，并在抑制细菌浓度的范围内对酵母和霉菌无效。乳酸链球菌素还可抑制大部分梭菌属和芽孢杆菌属如解糖梭状芽孢杆菌和嗜热脂肪芽孢杆菌的孢子。由于乳酸链球菌素是一种多肽化合物，在体内被蛋白酶分解后不会产生如其他抗生素出现的抗性和过敏现象，所以被广泛用于肉制品的防腐剂。溶菌酶与乳酸链球菌素配合使用效果更好。

三、驴肉西式盐水火腿的加工

盐水火腿是西式肉制品中的主要品种，该产品以其鲜美可口、脆嫩清香、营养丰富等特点深受欧美消费者青睐，也成为目前国内开发的主要西式产品之一。盐水火腿属于高水分低温肉制品，产品特性主要取决于嫩化工艺所赋予的高保水性，因而加工出品率高，产品柔嫩多汁。而热加工较低温度使肉质特有美味及营养性得到较好保持。驴肉的来源较为丰富，加工成火腿的工艺与猪肉火腿相同，加之成本低、利润高、经济效益好，所以便于面向市场进行推广。

（一）配方

1. 腌制配方　按100千克原料肉重来计算，食盐2.5千克，亚硝酸钠13克，D-异抗坏血酸钠60克，多聚磷酸钠100克，焦磷酸钠200克，白砂糖0.8千克，水5千克。

2. 加工配方　按100千克原料肉重来计算，食盐1千克，味精500克，胡椒粉500克，大豆蛋白1.5～3千克，淀粉5～8千克。

（二）工艺流程

原料肉验收→分割、切块→腌制→滚揉→绞肉→灌装→装模成型→蒸煮→冷却→成品

（三）操作要点

1. **原料验收**　用于生产火腿的驴肉原则上仅选后腿肉和背腰肉。若选用热鲜肉作为原料，需将热鲜肉充分冷却，使肉的中心温度降至 0～4℃；如选用冷冻肉，宜进行自然解冻，解冻至中心温度为−2～4℃。

2. **分割、切块**　将原料驴肉去除皮、骨、结缔组织、筋键、淋巴、脂肪和杂物，使其成为纯精肉，然后切成长 3 厘米，宽 2 厘米，厚 1 厘米左右的小块。处理后肉块表面积的增大有利于蛋白质的溶出。切块后注意称重量，以便计算配料的添加量。分割后肉温控制在 8℃以下。

3. **腌制**

（1）腌制盐水的主要成分　包括水、食盐、发色剂、助色剂、品质改良剂以及其他添加物。

①发色剂　一般选用亚硝酸钠，它能与肌红蛋白相结合，使肉质呈现出鲜艳的粉红色，同时具有抑菌防腐的作用，对肉毒杆菌具有极强的抑制作用，另外还有呈味的作用。

②助色剂　包括抗坏血酸、尼克酰胺等。具有固定色泽，减少亚硝酸胺的形成，降低亚硝酸含量的作用。

③品质改良剂　主要是磷酸盐。包括六偏磷酸钠、焦磷酸钠和三聚磷酸钠，能够稳定制品，增加肉的离子强度，使非溶解态的蛋白质变成溶解状态的蛋白质，从而增加了肉的保水性和蛋白结合性。一般情况下是使用三种磷酸盐的混合物。

（2）盐水配制　按照配方要求将各添加剂用一定量的蒸馏水充分溶解，配制成腌制盐水。盐水配制的要点：一是根据产品类型及出品率准确计算盐水中各添加剂量；二是保证各添加料充分溶于水中；三是控制盐水于较低温度。

（3）腌制　将按比例配制好的盐水倒入切好的肉中，充分混合均匀，放在 0～4℃环境下腌制 24～48 小时。

4. **真空滚揉**　将腌制后的肉块少部分斩拌为肉糜，大部分放入真空滚揉机进行滚揉，这是西式火腿加工的一个关键步骤。一般滚揉时间为 4 小时，在滚揉快结束时，按比例加入淀粉、大豆蛋白及调味料，再继续滚揉 10 分钟，以保证其分布均匀。淀粉是肉类工业良好的增稠剂和赋形剂，它可以改善肉制品的物理性质，起到黏结和保水作用。大豆蛋白既能起到很好的乳化作用，还能改善肉的质地。滚揉后的肉温低于 8℃。

（1）滚揉的目的

①使肉质松软，加速盐水的渗透和扩散，促使肉质发色均匀。

②促进盐溶性蛋白质的外渗，表面形成黏糊状物质，增加肉块间的黏着力及持水力，使制品不松散。

③加速肉块的自溶自熟，改善产品最终的风味。

（2）滚揉良好的鉴定标准

①肉的柔软度，即手按压肉块无弹性，中心与外表柔软度一致。握住肉的一部分将其竖起，上半部分随即倒垂下来，毫无硬性感，具有任意造型的可塑性。

②肉表面均匀包裹凝胶物，原料肉的形状和色泽清晰可辨，将肉块表面凝胶物抹去，明显有糊感，但糊而不烂，整个肉块仍基本完整。

③肉的黏度，即将黏在一起的两块肉，拎起其中1块，黏在一起的另1块短时间内不会掉下来。

④肉表面色泽一致，呈均匀的淡红色。

5. 灌装、装模成型　可采用肠衣、收缩膜或金属模具充填灌装。如果选用肠衣灌装，则建议采用易剥纤维肠衣，但选用真空收缩膜对保证产品质量更为有益。在蒸煮、冷却及贮存阶段，收缩膜紧贴于肉上，产生的机械压力有助于防止水分析出或胶质分离，也可有效预防再污染、延长保存期，并且袋上可直接印制产品说明和商标，减少二次包装，节省包装材料，易于产品贮存运输。操作的核心是排尽肉块中的气体，形成一定的外形，使成品组织致密有弹性、无气孔、无汁液流出。控制肉温在蒸煮前不超过20℃。

6. 蒸煮　注意控制蒸煮温度，需加热至中心温度为72℃。温度过高，成品易脱水，影响产品外观；温度过低，火腿结构松散，弹性差，口感不好。

7. 冷却　脱模的火腿最好间隔一段时间才装箱移至冷却室，在此阶段使火腿表面水分蒸发，避免在冷却室内造成不利的温度上升。出售前应在0～4℃的冷却室至少放置24小时，以便蛋白质与剩余水分达到最佳结合状态。

8. 贮藏　装好的火腿立即送入2～4℃的冷库内贮存，但在2℃的冷库内最多只能存放3～4周，否则易变质。若要延长贮藏期，则应转入-18℃的冷库内保存。由于低温冻藏将严重影响火腿风味，故应根据市场需求而确定贮藏温度。

（四）常见问题及解决方法

1. 风味

（1）驴肉的脂肪色泽为较深的黄色，对成品的色泽影响较大，所以加工中首先要剔除驴肉脂肪。为了使驴肉火腿具有令消费者满意的色、香、味，适当比例的猪油添加量显得尤为重要。猪油添加量过少，会使制品味淡、质地粗硬、色泽过深。反之，会使制品出现析油现象，影响外观。

（2）在驴肉火腿的试制中　可加入一些品质改良剂，如β-环状糊精，可大大降低驴肉火腿的腥味。

（3）在驴肉火腿的试制中可加入香辛料和调味料，如可以突出制品肉香味的肉豆蔻、味精，以及可以掩盖某些不良气味，赋予制品特殊风味的五香粉、胡椒、大蒜。

2. 色泽　新鲜驴肉一般呈鲜红色，但加工成火腿后，若不进行色泽方面的处理，则会呈现令人不适的棕褐色。驴肉在加工过程中呈棕褐色的因素有：

（1）一般驴肉宰后在空气中放置的时间越长其肉色越深。

（2）在宰后存放期间温度与湿度对肉的颜色也有影响。一般在温度低、湿度大的环境中肌肉保持新鲜颜色的时间较长。

（3）热加工的程度对肉的颜色也有影响。一般肌肉在加热到 $50\sim60℃$ 时仍基本保持鲜红色，$60\sim70℃$ 时逐渐呈淡褐红色，$70℃$ 以上肌肉收缩并呈明显褐红色，驴肉火腿在蒸煮过程中制品中心温度达到 $72℃$ 才算蒸熟。所以，加热过程也是导致驴肉火腿在加工过程中呈现深褐色的一个重要原因。

为了使成品色泽美观，除避免以上影响因素之外，还可考虑采取以下措施：

（1）加入一定比例的淀粉　如添加玉米淀粉，其不仅能使肉制品的色泽得到改善，而且对于提高制品的持水性、肉的结着性均有良好效果，还可改善制品的组织结构。

（2）选取腌制液进行腌制　驴肉火腿和其他火腿的加工过程大致一样，在滚揉之前要腌制 48 小时，以利于腌制液充分渗入肉中，使肉在腌制过程中良好发色，从而使制品具有良好的风味和色泽。一般在腌制前先对驴肉进行盐水注射，注射率 $10\%\sim20\%$ 较合适，食盐的用量为原料肉用量的 $1.5\%\sim3\%$。当盐水注射率超过 25% 时，肉的物理性破坏比较严重，制品过咸；当盐水注入率在 10% 以下时，腌制剂在肉中的分布不均匀。因此，盐水的注射率及食盐在肉中百分比的高低对肉的保水力与风味有较大影响。

腌制剂由以下物质构成：

①食盐　一般为精制盐，盐的用量为肉制品用量的 2% 以上，用盐水腌制时，盐水浓度为 15% 左右。

②发色剂　在肉制品成色方面，亚硝酸钠是传统的肉品发色剂。最大使用

量为 0.15 克/千克，残留量以亚硝酸钠计，在肉类制品中不超过 0.03 克/千克。在肉制品长期发色方面，还可采用硝酸盐，发色剂与发色辅助剂要在注入盐水前将它们加入到盐水中溶解，否则发色剂在盐水中进行反应，降低盐腌效果。

③多聚磷酸盐 肉制品中加入多聚磷酸盐可以使肉的 pH 高于肉蛋白质的等电点（5.4～5.6），使肉的保水性增大，降低肉的收缩率，提高出品率，还可防止制品氧化酸败。在驴肉火腿的加工中，加入原料肉 0.2%～0.3%的磷酸盐，可增加肉的保水性和肉馅的黏着力，以提高产品的质量。

④糖类 制作驴肉火腿所采用的是白砂糖。对糖的使用量应根据盐的用量而定，一般糖的添加量为 1%。糖加入原料后，在加热和烟熏的过程中与制品中其他成分反应，生成淡黄色，有利于制品的最终呈色。

⑤大豆分离蛋白 常以钠盐的形式应用于肉糜中，不溶于水，但在水中分散时经加热能形成凝胶。由于这种性质，其可以用于改善肉的持水性，有助于肉糜的质地稳定。添加量一般为混合料的 2%～3%。

⑥卡拉胶 具有稳定酪朊酸钠胶束的能力，在火腿中起黏结作用，使物料稳定。卡拉胶具有吸油性，因而添加后可以提高脂肪的利用率，改善产品质地结构。卡拉胶形成的凝胶不仅可改善制品口感，且能使制品外观具有光泽。

（3）红曲米色素的添加 红曲米色素具有稳定的 pH，耐热，耐光性强，几乎不受金属离子、氧化剂和还原剂的影响，对蛋白质的染色性好等特点，我国香肠、火腿等肉制品中使用较普遍。添加 4 克/千克的红曲米色素，降低亚硝酸钠用量 70%～90%，结果仍可得到令人满意的稳定的腌肉色。

四、驴肉干的加工

肉干是我国的传统产品，但加工方法一直没有大的改变，产品始终干硬、色灰白、口感差，且存在作坊式生产、工艺落后、产品率低、能耗高的问题。近些年，人们开始改变肉干传统的生产方法，并取得了良好效果。

（一）加工材料

1. 原料 原料驴肉采用来源于非疫区、健康的鲜驴肉。

2. 辅料 氯化钙（食品级）、亚硝酸钠（分析纯）、焦磷酸四钠（分析纯）、六偏磷酸钠（分析纯）、山梨酸钠（食品级）、D-异抗坏血酸钠（食品级）以及肉桂、丁香、草果、豆蔻、小茴香、月桂叶、山柰、八角、孜然、咖喱粉、食盐、味精、白糖、香油等。

3. 仪器设备　压力式盐水注射机、夹层锅、高温高压蒸煮锅、烘干机、真空包装机、铝盆、高温高压杀菌锅、真空包装袋及其他用具。

（二）加工条件的确定

1. 工艺比较

采用传统工艺为方案Ⅰ，其工艺流程为

原料肉整理→熬煮入味→切条→干燥。

现代新工艺为方案Ⅱ，其工艺流程为

原料肉整理→腌制→高温高压熟制→冷却→切条→短时干燥→外调料→包装→成品

两种工艺加工产品结果见表 2-1。

表 2-1　两种工艺加工产品结果比较

方案	色泽	硬度	风味	剪切力值
Ⅰ	色泽灰白，传统肉干颜色	口感坚硬，韧性强，嫩度极差	风味一般，呈传统驴肉干风味	11~15 千克
Ⅱ	色泽棕褐，略显玫瑰色	略有韧性，但口感脆嫩，无坚硬感	风味浓厚可口，且综合风味良好	6~7 千克

经综合比较测定，工艺方案Ⅱ明显优于方案Ⅰ。因为方案Ⅱ经过高温高压短时间熟制，不仅产品嫩度好，口感松脆，而且经过外调味后，产品风味佳，经大范围人员的品尝反映良好，接受程度高。

2. 腌制香料液的比较　驴肉经过香料腌制液的长时间腌制，奠定了驴肉干内的基本香气和味道。为获得生产驴肉干良好的内部风味，设计了三种腌制香料液配方。三种配方中，腌制液的基本成分为香料水 94.5%，食盐 4.2%，亚硝酸钠 0.01%，白糖 0.49%，三聚磷酸钠 0.15%，焦磷酸钠 0.16%，六偏磷酸钠 0.1%，味精 0.2%，D-异抗坏血酸钠 0.04%，白酒 0.15%。

配方Ⅰ的香料为传统五香料，再加入八角、小茴香、肉桂、丁香；配方Ⅱ为传统五香料加咖喱料；配方Ⅲ为 100 千克水加入肉桂 35 克，八角 34 克，丁香 25 克，小茴香 26 克，豆蔻 28 克，草果 30 克，山柰 18 克，月桂叶 32 克，白芷 20 克，砂仁 18 克，整干椒 60 克，花椒 28 克。三种腌制香料液对产品风味的影响结果比较见表 2-2。

表 2-2　三种腌制香料液对产品风味的影响结果比较

配方	咸度	色泽	风味	接受程度
Ⅰ	基本适中	产品棕黑色	传统五香驴肉干风味，略有膻味	一般
Ⅱ	基本适中	产品棕黑色	风味不明显，有膻味	一般
Ⅲ	适中	产品棕褐色	风味良好，无驴肉膻味	普通反映良好

　　经过对三种腌制香料液的比较，发现配方Ⅲ普遍反映良好，不仅综合香味佳，而且在产品的色泽和脱除驴肉膻味方面效果良好。可能是配方Ⅲ中的白芷、草果、月桂叶有除腥、去膻、压膻的作用，使最终产品中驴肉膻味不明显。配方Ⅲ中丁香对亚硝酸钠有消色的作用，使产品呈棕黑色，但月桂叶、白芷、砂仁等却有一定的护色作用，所以配方Ⅲ的产品色泽也略好些。

　　3. 熟制条件的确定　由于不是采用传统驴肉干的熬煮熟制方法，而是采用高温高压快速熟制，故对熟制条件进行了比较，其比较结果见表 2-3。

表 2-3　脆嫩型驴肉干熟制条件的比较

批次	加水率（%）	熟制压力（千帕）	维持时间（分钟）	溶液状况	熟制程度	熟制率（%）
1	14	100	15	偏少	尚可	44
2	9	100	20	太少	过度	49
3	11.7	100	20	偏少	过度	48
4	20	100	12	适中	最佳	56.3
5	18	50	9	适中	欠熟	59.5
6	15	50	15	偏少	欠熟	58.8

　　在生产中，熟制的压力如果未变，加水率则要根据肉量、肉块的大小等进行确定。

　　4. 烘干时间的确定　为了降低产品的水分含量，需要适度进行干制处理，对高温高压熟制后的驴肉块，晾冷后切成长 4 厘米、宽 1 厘米左右的肉条（丁），然后进行烘干处理。由于驴肉中肌红蛋白含量很高，烘干过程中极易变成黑色。为了确定适宜的烘干时间，在 56~60℃烘干温度条件下，对烘干时间进行了比较，其结果见表 2-4。

表2-4　不同烘干时间对产品色泽影响结果比较

时间（小时）	温度（℃）	产品色泽状况
3～4	56～60	产品呈棕褐色，略带红色，干硬适宜，脆感好
6～8	56～60	产品呈黑褐色，无肌肉红色，略显干硬，脆感差

从表2-4可以发现，经高温高压熟制后的脆嫩驴肉干，以56～60℃温度条件下烘干3～4小时为好。烘干时间延长，将使产品颜色加深，严重影响产品外观质量。

5. 不同外调味料对风味的影响　驴肉干包装前要进行外调味，外调味对产品风味有重大的影响，而且也是决定产品是否被消费者接受的重要因素。传统的肉干产品一直没有采用外调味，本研究首次采用驴肉干外调味，只要调料比例适当，将会得到消费者的极大喜爱。本研究比较的两种外调味配方见表2-5。

表2-5　脆嫩型驴肉干外调味配方表

配方	食盐	味精	辣椒粉	五香粉	胡椒粉	孜然粉	沸腾色拉油
Ⅰ	1.8	0.5	20	1.5	1	—	85.2
Ⅱ	2.5	1	20	2.8	—	2.5	71.0

两种配方经比较，配方Ⅱ的消费者接受程度明显优于配方Ⅰ，且配方Ⅱ的产品在风味和外观方面得到明显改善。

6. 出品率比较结果　对两种工艺方案的出品率进行了测定，采用现代新工艺的驴肉干出品率高达40%～60%，比传统加工方法高出9.52%，具有明显的经济效益。

（三）操作要点

1. 原料验收　采用来自非疫区新鲜的驴肉。驴肉色泽呈暗红色，气味正常。

2. 原料整理　将驴肉上的多余脂肪、瘀血、淋巴、粗血管、毛以及其他异物清除干净。将整理好的驴肉切成每块约300克左右，注意切块要整齐。

3. 腌制、熟制　腌制时香料液采用配方Ⅲ，对驴肉注射盐水后浸泡于腌制液中，0～4℃条件下腌制48小时左右，然后出腌缸沥水20分钟，把驴肉切成长7～8厘米、宽2～4厘米的肉块，进行高温高压熟制。熟制时，加香料水18%，压力100千帕，时间9～15分钟，熟制效果良好。

4. 切条、烘干　熟制后的肉块切成条状，60℃温度条件下烘干 3～4 小时，然后进行外调味。

5. 预煮　将水煮开后把切好的肉放入，用旺火煮 30 分钟，待用刀切后肉块中无血迹即可，再将预煮完毕的肉块切成每块约 80 克的九小块，形状要规则，切片时刀口尽量整齐。

6. 复煮　将称量好的各种香辛料用纱布包好入锅，加清水、白酒、盐、糖、酱油以旺火煮成卤水，再将切好的驴肉放入锅内，以旺火煮约 3 小时，待煮烂捞出即可。

7. 烘烤　将捞出的肉放在不锈钢盘中，然后放入烘箱烘烤（温度 50～55℃，时间以适度脱水即可）。

8. 检验　待烘烤完成后经检验合格即为成品。

五、新型干驴肉的加工

干驴肉为干制品，它不同于腌腊制品，不能用高浓度的食盐腌制，必须保持新鲜驴肉棕红色。如果加工方法不当，产品保质期短，肉的色泽较差。为使产品呈现棕红色，可改干腌法为湿腌法，采用全新的配方，利用 D-异抗坏血酸钠、烟酰胺、葡萄糖代替人工合成色素进行发色和保护肉的色泽，并适当进行防腐处理，使产品保质期达到 6 个月以上，比传统的生产方法提高出品率 20% 左右。

(一) 加工材料

1. 辅料　食盐、亚硝酸钠、D-异抗坏血酸钠、烟酰胺、葡萄糖、蔗糖、味精、三聚磷酸钠、六偏磷酸钠、焦磷酸钠、对羟基苯甲酸乙酯、对羟基苯甲酸丁酯等，均为食品级添加剂。

2. 加工设备　操作台、腌制池（缸）、高温烘房、真空塑料包装袋、真空包装机、刀具等全套生产工具。

(二) 操作要点

1. 鲜驴肉的整理与打片　将鲜驴肉进行切块整理，修割筋膜等结缔组织，然后切片成长 4～6 厘米、宽 3～4 厘米、厚 2 厘米左右的肉片。

2. 腌制　新工艺采用湿腌法，在 3～5℃温度条件下腌制 24～48 小时。湿腌法配方见表 2-6。

表 2-6　驴肉干湿腌法配方

原料	用量（%）	原料	用量（%）
食盐	10	蔗糖	2
亚硝酸钠	0.01	D-异抗坏血酸钠	0.1
烟酰胺	0.05	葡萄糖	1
三聚磷酸钠	0.16	六偏磷酸钠	0.08
焦磷酸钠	0.16	尼泊金乙酯	0.1
尼泊金丁酯	0.1	味精	0.15
水	86.09		

3. 脱盐、沥水与摆盘　将腌制的肉片在清水或流水中轻微漂洗脱盐，沥水 30 分钟左右，然后平摊在竹盘上，便于烘烤干燥。

4. 烘烤干燥　将摆好肉片的竹盘放入烘制箱中进行烘制，或放入炭火烘烤房中烘烤，时间 30～60 分钟，视情况而定。烘烤过程中，进行适当翻边，以利烤制均匀。烘烤过程中，主要掌握肉片的干硬程度和肉色的变化，但温度不能过低，必须采用高温（110℃左右）快速烘烤，以防时间过长使肉的颜色变黑。

5. 无菌冷却与真空包装　烘烤（制）好的干（鲜）肉片，立即放入无菌室进行冷却，至室温后真空包装，即为成品。

6. 保质期测定　用传统法和新方法生产的干驴肉作保质期贮存观察，用相关企业的标准进行检测，结果表明，使用传统法生产的干驴肉在冬春季节只能贮藏 1～3 个月，而新方法生产的产品，由于配方中添加了抑菌物质尼泊金乙酯和尼泊金丁酯，抑菌效果良好，保质期 6～8 个月，即使在炎热的夏季，经存放试验，亦可保存 6 个月，这将特别有利于产品的贮藏、运输和销售。

经过多批次研究测验，新工艺、新配方生产的干驴肉，不含人工合成色素，产品色泽呈现良好的棕红色。保质期明显延长（6 个月以上），出品率提高 20%左右。产品中某些重要物质的含量，经检测符合国家有关标准和企业标准。

六、软包装驴肉制品的加工

软包装肉制品是一种采用铝箔袋或复合透明袋包装，经真空包装、高温杀菌的软罐头制品。该产品携带方便，可食性好，具有中式酱卤制品的芳香和风味。近年来，软包装系列产品不断涌现，各大企业也在不断推出各自的品牌产品。

（一）工艺流程

原料肉预处理→修整、切块→盐水配制→注射→滚揉→腌制→煮制→称量、真空包装→杀菌→保温试验→成品检验→包装→入库

（二）操作要点

1. **原料肉预处理**　原料肉必须选用检验合格的驴前、后腿肉，不得选择西冷、里脊、腹部肉，肋条肉及驴犊肉，因为这些肉质地较嫩、肉质疏松，结缔组织多易使产品多汁而发软。将选好的原料肉置于解冻间的铁架上，自然解冻（夏季），或蒸汽解冻（冬季），解冻至肉发软，中间稍有硬心，即肉中心温度0℃，整体温度0～4℃时，视为解冻良好。如果解冻后温度偏高，则有利于微生物生长繁殖，使原料肉的原始菌数增加，卫生质量指标受影响；如果不解冻，肉块过硬，则不利于修割，特别是对注射工序不利，因而一定要使肉达到良好的解冻状态。

2. **修整、切块**　对解冻良好的肉按标准进行及时修整，修去淋巴、脂肪、瘀血、皮毛、杂质、异物、病变组织等，并切成15厘米×10厘米×8厘米的块状，重约0.25～0.5千克的肉块，尽量大小均匀一致。置于洁净容器内，移至下道工序。

3. **盐水制备（按100千克原料肉计）**　淀粉5千克，大豆分离蛋白2.5千克，混合粉3千克，食盐3千克，白糖2.5千克，卡拉胶1千克，亚硝酸盐15克，D-异抗坏血酸钠50克，白胡椒粉500克，冰水适量。

4. **注射**　采用多针头注射机对驴肉块反复多次注射上述盐水，注入肉块的不同部位，将肉块平整摆放在注射机传送带上，肉块不得重叠进行注射，在注射过程中一定要注意注射液的温度和注射面积的大小。注射液温度一般应控制在5～7℃，最好是临使用前配制，不宜存放过久。注射面积要控制在30％～35％，注射面积过小达不到腌制效果，发色不均匀，出品率低。反之，则会造成产品多汁而发软，增加次品的出现。

5. **滚揉、腌制**　滚揉则是采用机械方法，使肌肉组织性能发生改变，加速腌制液在肉块内的渗透和扩散，同时使肉中蛋白质在肉体表面形成黏液，从而增加了肉块之间的黏着力和保水能力，增加了肉的嫩度。合适的滚揉时间为3小时。滚揉后的肉块应尽快进入腌制间进行腌制，腌制间的温度必须控制在

0～4℃，腌制时间 18～24 小时，腌制好的肉色特征是：肉块中心为均匀红色，表面黏滑，无水分，手指能插入到肉块中。

6. 预煮　将腌制好的原料肉放入盛有料汤的夹层锅中进行煮制，原料肉应全部没入汤面，控制进汽阀压力在 0.2 兆帕，下锅后不得当即翻动原料肉，因为经滚揉、腌制后的肉表面会溶出大量肌球蛋白，加热后会凝固，凝胶化的蛋白质分子相互连接形成网状结构，水在其中被包住，如果过早翻动肉块，会破坏这种结构，使水析出，从而造成出品率的降低。因此，必须等到肉块漂起后，方可顺锅边翻动，使肉块受热均匀，同时控制气压在 0.05 兆帕，使锅内肉汤微沸，温度保持在 85～90℃。煮制过程中随时撇去汤面浮物，同时观察肉的煮制情况，以肉块中间不见血水视为预煮良好，准备出锅。出锅捞肉时应稍控水，同时趁热在肉表面撒一层薄薄的卡拉胶（比例为肉重的 0.1%），晾置 10 分钟后转入下道工序。

7. 称重、真空包装　将晾置后的半成品按规定重量进行称重装袋，并擦净袋口，保证真空的紧密度和平整性。真空机的真空度设定在 $1×10^5$ 帕，把袋子平整放好，热合 20～30 秒，真空后要检查每袋半成品的密封和真空度，不得有烫伤、破裂、折边等现象。将合格的半成品装入杀菌笼中，笼中间必须加隔板，不可装得过满，装毕后要及时杀菌，存放时间不得超过 2 小时。

8. 高温灭菌　杀菌分 3 个阶段进行，即升温—保温—降温。升温前应确认蒸汽压在 0.4 兆帕以上，先开启热水阀，注入 80℃热水，等溢流阀有水溢出时，停止加热水，开启进汽阀，通入蒸汽，同时开启循环泵，在 20 分钟内将温度迅速升至 121℃，锅内压力达到 0.25～0.3 兆帕，然后关小进汽阀，按不同规格的恒温时间进行保温保压，在这一过程中应随时注意压力和温度变化。保温保压结束后，关闭进气阀、循环泵，开启冷水阀、排水阀进行冷却，降温时应缓慢降压，在 1 分钟内压力下降不能超过 0.1 兆帕，以防产品崩口，在 20 分钟内温度降至 35℃以下，关闭冷水阀，打开锅盖，待锅内水放完，关闭排水阀，再将锅盖完全打开，及时出锅。

经高温灭菌后的五香驴肉，不仅具有特有的香味、风味，而且肉色稳定，经杀菌还可延长保质期。

9. 保温检验　将杀菌后的半成品及时转入恒温间，恒温间温度保持在 35～37℃，恒温时间 6～7 天，通过此工序可及时发现不合格产品，避免次品流入市场。

10. 成品检验　对恒温后的产品进行质量检查，确保其符合国家卫生法和有关部门颁布的质量标准或质量要求。

11. 包装入库　将检验合格的产品装入相应规格的外包装袋中，在热合机上进行热合封口，仔细检查封口情况、打印日期及批号，然后装箱贴标入库。在 0~25℃条件下保质期为 180 天。

（三）产品质量标准

1. 感观指标　包装袋外表清洁，完整无破损，内容物色泽呈酱红色，味道咸淡适中，香味醇厚，肌肉组织软硬适度，有良好的切片性，肉表面允许存有少量胶冻。

2. 理化指标　见表 2-7。

3. 微生物指标　见表 2-8。

表 2-7　理化指标

检验项目	指标	检验频率
固形物	≥85%	每批次
食盐（以氯化钠计）	≤3%	每批次
亚硝酸盐（以亚硝酸钠计）	≤30 毫克/千克	每批次

表 2-8　微生物指标

检验项目	指标	检验频率
细菌总数/cfu/克	≤20 000	每批次
大肠菌群/cfu/100 克	≤30	每批次
致病菌	不得检出	每批次

七、腊驴肉的加工

（一）传统腊驴肉的加工

1. 加工材料

（1）主料　生驴肉 15 千克。

（2）辅料　食盐 450 克，砂仁 5 克，肉蔻 10 克，草蔻 5 克，陈皮 10 克，肉桂 10 克，丁香 10 克，粉草 5 克，荜拨 5 克，广木香 10 克，白芷 20 克，草果 5 克，良姜 10 克，桂皮 10 克，八角 10 克，五味子 10 克，将以上香料（中药）混合制成配方中药，每 15 千克肉需用配方中药 50 克。

2. 工艺流程

原料整理→预处理→焖煮→成品

3. 操作要点

（1）原料整理　选用新鲜驴肉，按肉的部位沿肉纹理分别切成1～2千克重的肉块。然后，放在缸中用清水浸泡12小时左右，排出肉内污血，再用清水冲洗干净。

（2）预煮　把浸泡洗净的肉块放入锅内水煮，放花椒35克、八角25克、小茴香35克、食盐200～300克，加水略过肉面，迅速加温，旺火煮沸。从煮沸时计，老驴肉煮3～4小时，小驴肉煮1小时左右，达到八成熟为止。中间每隔半小时左右，用铁叉翻动1次，并不断撇去浮油。煮好后用铁叉捞出，并刷去附在肉上的料渣及血沫，放在盘内晾凉。

（3）焖煮　用带耳砂锅，其中有两层砂箅。装锅时先放底箅，将中药纱布袋放在底箅中间，周围放上煮好的驴肉块，肉厚难熟的肉块放在下层，肉嫩易熟的摆在上层。倒入老汤（焖煮过驴肉的汤汁），加水添满锅，并将预煮时剩余的食盐放入，然后放上层砂箅，压上小青石块。加热煮沸以后，压火焖煮，每隔20分钟加汤1次，不时地撇去汤面上的浮沫、浮油。焖煮时间随季节气温和肉的老嫩而定，一般为4～5小时。焖煮成熟后，在夏季稍放一会，热汤捞出，冬季要冷汤捞出，并可带少量汤汁。

（二）长治腊驴肉的加工

长治腊驴肉为山西长治的传统名食，已有几百年历史，与当地的凉粉、酥火烧被称为路安（长治古为路安府）"三宝"。

1. 配方

鲜驴肉100千克，食盐2千克，花椒120克，八角120克，茴香120克。

2. 操作要点

（1）原料整理　将鲜驴肉按部位分开，顺着肉纹理把各部位肉切成1～2千克的肉块，用清水浸泡12小时，再换清水洗去血污。

（2）预煮　把汤锅洗净，放入清水，将水烧至80℃时放入洗净的驴肉，加适量的食盐、花椒、茴香、八角等调料（每15千克生肉放花椒35克、八角35克、茴香35克、食盐300克），继续烧煮约3～4小时，出锅后将肉块上的血沫、渣子涮掉，剔除余骨，晾凉。

（3）焖煮　将晾凉的肉块放入大砂锅的老汤内。放肉时，底层先放元宝肉，再放前肘、后肘、后臀，中间放腱子、腰球，最后放肚厢皮、肋条等杂肉。然后加足食盐，并用纱布包好配方香料，填满冷汤，上压竹箅和石板，加汤没过肉块，煮沸后用小火焖煮 12 小时左右即成。

3. 注意事项

（1）老汤要过筛澄清，然后再放入大砂锅中。

（2）焖煮过程中要不断加汤。

4. 产品特点

色泽鲜艳，肉质细嫩，清香可口，味美怡人，肥不腻，瘦不柴，是佐餐下酒的美味，且成品易存放。

八、驴肉丸的加工

肉丸是中华传统美食，风味独特，味美可口。目前国内制作肉丸的原料肉多为猪肉、牛肉和鱼肉，本文以纯驴肉为原料，将中国传统肉丸加工方法和泰国等东南亚国家工厂化、现代化的肉丸生产方式相结合，加工生产驴肉丸，着重研究驴肉丸的生产工艺，使之适应工业化大生产。

（一）加工材料

1. 原料　市售新鲜驴肉。

2. 辅料　淀粉、面粉、白糖、味精、盐、胡椒、蒜等。

3. 添加剂　亚硝酸钠、三聚磷酸钠、焦磷酸钠、黄原胶等。

4. 设备　绞肉机、盘式斩拌机、糖衣机、肉丸成形机、蒸煮锅、油炸锅、冰柜等。

（二）工艺流程

原料驴肉整理→配料→腌制→粗绞→斩拌→成型→水煮→沥水冷却→油炸前处理→油炸→冷却→包装→冷藏

（三）操作要点

1. 原料肉整理　选用新鲜驴肉，除去脂肪、筋、腱、软骨、血污、杂物等，切成长 20 厘米、宽 3~5 厘米、厚 2~3 厘米的肉条。

2. 腌制　肉的腌制是以食盐、亚硝酸盐为主的混合盐进行腌制，主要目的为防腐保存、稳定肉色、提高肉的持水性（保持嫩度）及改善肉的风味等。据此，我们设计了腌制剂的配方，见表 2-9。

表 2-9　驴肉丸腌制剂配方表（占肉重%）

盐	糖	三聚磷酸盐	焦磷酸盐	亚硝酸钠	D-异抗坏血酸钠	味精
1.8%	1.5%	0.2%	0.1%	0.01%	0.04%	0.4%

　　腌制采用干腌法，将驴肉与腌制剂混合均匀，在 0~4℃ 条件下腌制 24 小时。

　　3. 粗绞　将腌制成熟的驴肉用绞肉机绞碎成肉馅。

　　4. 斩拌　此工序为肉丸加工的关键工序。斩拌作用是利用斩拌机快速旋转的刀片对物料进行斩切，使肌肉组织的蛋白质不断释放出来，并与脂肪、水等进行充分乳化，从而形成稳定的弹性胶体。斩拌时先将绞好的肉馅放入斩拌机内斩几分钟，然后加入胡椒、蒜、淀粉或面粉和 24% 的冰屑继续斩拌至所要求的细度。斩拌过程中温度控制在 15℃ 以下，斩拌时间为 10~15 分钟。在我国传统肉丸的加工方法中常添加面粉来改善肉丸的品质和黏结性。研究表明，淀粉可以增加肉制品的保水性和黏着性，在国外的肉丸生产中都添加了淀粉。驴肉丸肉馅配方见表 2-10。

表 2-10　驴肉丸肉馅配方表

驴肉	大豆蛋白	淀粉/面粉	胡椒	蒜	水	肥膘
100 千克	3.0 千克	8.5 千克	0.1 千克	0.33 千克	24 千克	5 千克

　　5. 成型　利用肉丸成型机将搅拌的肉馅糊做成圆球状，大小均匀一致。

　　6. 水煮　将成型的肉丸投入沸水中煮 1~3 分钟，至肉丸上浮即捞出进行冷却。然后，将冷却后的肉丸投入 80℃ 左右的水中再煮至上浮后（20 分钟左右）可捞出。

　　7. 沥水　将肉丸置于洁净的塑料筐中沥干水分。

　　8. 上膜　使用由奶油、鸡蛋、牛奶、碳酸氢钠等配成的糊状物进行包膜。肉丸在包膜之前用 0.5% 的氯化钙液浸润并涂裹上一层面粉。驴肉丸膜配方见表 2-11。

表 2-11　驴肉丸膜配方表

奶油	糖	牛奶	面粉	碳酸氢钠	鸡蛋
15 克	12 克	150 毫升	50 克	10 克	8 个

　　9. 油炸成膜　在国外的肉丸生产中一般不进行油炸处理，但我国传统的膳食习惯中部分人偏爱油炸肉丸的香味。在传统肉丸制作中常常先给肉丸涂上

一层包衣再进行油炸，但包衣在油炸冷却和煮制后往往容易脱落。

10. 冷却　将油炸后的肉丸尽快进行冷却。采用风冷或流水冷却。

11. 包装　将冷却后的肉丸装入袋内，抽半真空密封，真空度 1×10^4 千帕。

12. 冷藏　包装后的肉丸立即进库冷藏，4℃以下保存。

（四）产品质量标准

1. 肉丸配料对成品质量的影响　肉丸配料对成品质量的影响经比较研究，结果见表 2 - 12。

表 2 - 12　纯驴肉丸感官质量评定结果

组别	颜色	滋味	组织状态
A 组	淡红	驴肉鲜香味，口感细嫩	肉馅黏着性好
B 组	淡红	驴肉香味很淡，口感较粗糙	肉馅显得较干

从表 2 - 12 看出，A 组感官质量评定结果明显好于 B 组。两组配料不同之处仅在于 A 组添加了淀粉，而 B 组添加的是面粉。结果说明，适量淀粉能提高肉丸的嫩度，增强口感，改善肉丸的组织结构。

2. 不同油炸处理方式对成品质量的影响　不同油炸方式对成品质量的影响结果见表 2 - 13。

表 2 - 13　不同油炸方式对成品的影响

组别	颜色	组织状态
Ⅰ	暗红	表面不光滑平整且结壳，不能引起食欲
Ⅱ	深红	表面光滑但形成硬壳，放置后颜色加深变褐
Ⅲ	黄	肉丸表现凹凸不平，冷却后外膜易脱落
Ⅳ	黄	外观品质较好，但冷却和煮制后外壳脱落
Ⅴ	黄	外观品质较好，冷却和煮制后外壳均不脱落

由表 2 - 13 看出，五种油炸方式中Ⅴ组感官质量评定结果明显优于其他组。在Ⅰ和Ⅱ组中，由于没有使用糊状物液和面粉直接油炸，因而肉丸表面蛋白质焦化，形成一层硬壳，使口感粗糙。在Ⅲ和Ⅳ组中虽然使用了糊状物液和面粉，但糊状物液和肉丸表面结合不紧密，容易脱落，且面粉油炸后显得干枯粗糙。而Ⅴ组中使用了氯化钙溶液，钙离子能增强蛋白质的交联作用，因而使

面粉和肉丸结合紧密，不易脱落，并且最外层使用糊状物液，使油炸后成品表面光滑细腻。

3. 其他因素的影响

（1）斩拌过程中一定要控制好斩拌温度在 10℃以下，否则，温度过高会影响肉馅的乳化效果，降低制品的保水性、口感等，使产品质量变差。

（2）蒸煮加热过程中不宜煮沸，因温度过高会导致成品表面结构粗糙，蛋白质剧烈变性，产生硫化物而影响肉丸的风味。控制中心温度在 75～80℃既达到了消毒杀菌的目的，又保存了肉丸营养成分，同时使肉丸滋味和嫩度最佳。

（3）通过嫩化处理，肉丸组织更为细腻。脂肪、淀粉、大豆蛋白、复合磷酸盐的添加和合理配比有效地提高了肉丸的嫩度、黏结性。

（4）上膜油炸可增加肉丸营养，增强香脆感，油炸工序更增加了肉丸的光滑度，更显美观，而且外膜不易在汤煮时脱落。

（5）如果配方中添加 8.5％的淀粉，能明显改善肉丸的口感、风味和组织状态，使肉丸营养趋于全面，降低了产品成本。在该生产工艺中加入了国外肉丸工业化生产中没有的油炸工序，增加了肉丸的色、香、味，能满足消费者习惯的传统口味。该工艺生产的肉丸色泽好，外黄内红，表面光滑，色泽金黄，口感细嫩，具驴肉鲜香味，肉馅黏着性好，弹性佳，煮制时衣膜不脱落。因此，该生产工艺是可行的，符合工厂化生产的要求。

九、酱卤驴肉的加工

（一）酱烧驴肉的加工

酱烧驴肉，亦称五香酱驴肉，原料驴肉用冷水浸泡清除瘀血，洗刷干净，再进行剔骨，按部位分切成 1 千克左右的小块，经调酱、装锅、酱制而成。

1. 调酱与装锅

（1）调酱　一定量的水和黄酱拌和，把酱渣捞出，煮沸 1 小时，并将浮在汤面上的酱沫撇净，盛入容器内备用。

（2）装锅　将选好的原料肉按不同部位和肉质老嫩分别放在锅内。通常将结缔组织较多且坚韧的肉放在底部，较嫩且结缔组织较少的肉放在上层，然后倒入调好的汤液进行酱制。

2. 酱制　待煮沸之后，加入每种调味料，用旺火煮制 4 小时左右，在初煮时将汤面浮物撇出，以消除膻味。为使肉块均匀煮烂，每隔 1 小时左右倒锅

1次，再加入适量老汤和食盐，务必使每块肉均浸入汤中，再用小火煨 4 小时，使各种调味料均匀地渗入肉中。出锅时应注意保持肉块完整，用特制的铁铲将肉块逐一托出，并将锅内的余汤冲洒在肉块上，即为成品。

（二）漯河五香驴肉的加工

河南漯河肉食品种类繁多，尤以五香驴肉久负盛名。

1. 操作要点

（1）原料选择、处理　选择健康活驴宰杀、放血，剔骨洗净，然后分割成块，待凉透后排酸。

（2）腌制　将驴肉块放入缸中，加食盐、八角、花椒等作料腌制，并适时翻动，使作料腌到生肉的每个部位。春、夏季节腌 15 天左右，秋、冬季节约 1 个月，将肉块腌至呈棕红色即可。

（3）煮制　腌好的生驴肉放入锅中，加丁香、白芷、陈皮、良姜、肉桂、草果、花椒、八角和少量料酒，旺火煮约 1 小时，再以文火煮，适时翻动。根据肉质老嫩，煮约 1 小时至肉烂即可出锅。

2. 产品特点　成品为块状，呈棕红色，切片断面整齐，肉质细嫩。食用时，放入适量大葱、大蒜、清香油、酱油和味精。调好味的五香驴肉片，香味浓郁，鲜嫩可口。

（三）洛阳卤驴肉的加工

洛阳卤驴肉又称洛阳"高家驴肉"，已有 200 多年的历史，是洛阳著名的风味特产。

1. 配方

（1）主料　生驴肉 50 千克。

（2）辅料　花椒 100 克，良姜 100 克，八角 50 克，小茴香 50 克，草果 50 克，白芷 50 克，桂子 25 克，丁香 25 克，陈皮 50 克，肉桂 50 克，食盐 3 千克。

2. 操作要点

（1）制坯　将剔骨驴肉切成 2 千克左右的肉块，放入清水中浸泡 13～24 小时（夏季时间要短些，冬季时间可长些）。浸泡过程中，要翻搅换水 3～6 次，以去血去腥，然后捞出晾至肉块无水即可。

（2）卤制　先将老汤加入清水烧沸，撇去浮沫，水煮开时将肉坯下锅，待大开后再撇去浮沫，即可将辅料下锅，用大火煮 2 小时后改用文火再煮 4 小时，卤熟后浓香四溢，这时要撇去锅内浮油，然后将肉块捞出凉透即为成品。

十、广饶肴驴肉

广饶肴驴肉素有广饶"传统名吃"之盛名，已有近150年历史。广饶肴驴肉采用17种传统香辛料，精选优质驴肉，配以陈年老汤煮制而成。其特点是色鲜味美、久吃不腻、高蛋白、低脂肪，是老少皆宜的营养佳品。

（一）设备与配方

1. 设备

（1）屠宰设备　麻电机、提升机、悬挂输运机、往复劈拌机、整理工作台。

（2）预煮设备　净化设备、切块机、蒸汽锅、不锈钢箱子、输送车。

（3）真空设备　工作案台、真空包装机、高温灭菌罐、自动封口机。

2. 配方　驴肉100千克，八角200克，花椒150克，茴香100克，桂皮150克，丁香60克，良姜80克，草果100克，肉蔻200克，草蔻120克，肉桂120克，白芷50克，玉果50克，砂仁30克，白果30克，沙姜20克，白蔻20克。另外加辅料，姜500克，大葱400克，料酒500克，白酒100克，白糖100克，盐2.5千克。

（二）工艺流程

屠宰→净化→切块→煮制→计量装袋→真空包装→高温灭菌→外包装

（三）操作要求

1. 屠宰　驴屠宰后，清洗、整理，按部位切成4厘米见方的肉块。

2. 煮制　把切好的驴肉及香辛料包和辅料放入存有老汤的夹层锅内（如无老汤，则先在清水内加入香辛料包和辅料，加温至90℃持续30分钟，使香味充分进入汤中）。煮沸30分钟后，按15毫克/千克驴肉的比例加入亚硝酸盐，然后细火煮2小时，即可起锅，在煮制过程中要不断将浮在汤面上的膜液撇去，以保证老汤及驴肉洁净、鲜亮。

3. 称量装袋　待熟肉块冷却后，根据所需重量计量装袋，包装袋可使用三层透明蒸煮袋或四层铝箔袋。

4. 真空包装　真空度为$1×10^5$帕，热封温度（200±10)℃，时间4秒钟。抽真空后封合面应平整、无褶、用手撕不开，有砂眼漏气的产品应及时检出。

5. 高温灭菌　将产品均匀地放在灭菌车上，不能放得过密，以保证通气良好。在灭菌锅中加反压杀菌（2×10^5 帕，123℃，30 分钟）。恒温后要继续加反压迅速用冷水降温。待温度降至 48℃ 以下时取出产品，并放入水池中，检出破损产品。

6. 恒温试验　将杀菌后的产品放入 37℃ 的恒温室，保存 7 天后取出。在此间没有胀袋变质的产品在常温下四层铝箔袋内能保质 6 个月，三层透明袋保质 3 个月。

7. 外包装　将试验合格产品装入大袋并封口，打印生产日期。

(四) 产品质量标准

广饶肴驴肉的产品质量标准见表 2 - 14。

表 2 - 14　产品质量标准

项　目	指　标
色泽	暗红色
组织形态	组织软硬适度、块状
滋味及气味	具有广饶传统肴驴肉特有的香味及气味，无异味
固形物	≥90%
脂肪	≤10%
商业无菌检验	为商业无菌
亚硝酸盐	≤30 毫克/千克

第二节　狗肉产品加工技术

一、狗肉的营养价值

狗肉在中国、韩国、朝鲜、越南、印度尼西亚等国均有食用。狗的品种很多，在全世界有 300～400 种，在我国有近 50 个品种，近年来还专门培育了肉用狗。狗肉的味道鲜美，营养丰富，中国各地均有著名的狗肉菜肴，但最主要的狗肉食用地区是中国东北和贵州到广西、广东、福建一带。江苏沛县的鼋汁狗肉，被评为中国的特级食品，获得过国际金奖。随着人民生活水平的提高，对肉食品种的要求也在增多，狗肉便成为肉食品的一个新品种。

（一）狗肉的营养成分

狗肉不仅肉质细嫩、味道鲜美、营养丰富，而且脂肪含量低、蛋白质含量高。此外，狗肉还含有多种维生素及嘌呤类、肌肽等成分。狗肉在我国不但是一种美味佳肴，而且还是一种珍贵的滋补营养品。

（二）狗的其他加工价值

狗肉除营养丰富外还具有很高的药用价值，有除风祛湿、活血止痛之功效，可治风湿性关节炎、风湿病、腰腿无力及四肢麻木等。

狗全身都是宝，如血、肝、心、乳、毛、蹄、脑等都有很高的药用价值和营养价值。近年来，肉狗的养殖在我国许多地方正形成一项新兴养殖业，为促进肉狗养殖业发展，适应市场经济的需求，需对产品进行深加工，提高其经济效益。根据狗肉的特性选用不同调料，可研制出不同风味的狗肉系列产品。

二、狗肉灌肠制品的加工

（一）狗肉香肠的加工

1. 配方　狗瘦肉 70 千克，猪肥膘肉 30 千克，食盐 2.2 千克，砂糖 7.5 千克，硝酸钾 10 克，酱油 5 千克，玫瑰露酒 3.8 千克。

2. 工艺流程

原料肉整理→切丁→调味→灌肠→漂洗→烘烤→冷却→成品

3. 操作要点

（1）原料肉　狗肉选自健康狗，备料选择肥瘦适中的狗肉，原料肉去除瘀血、骨、皮、筋腱，最好是用大腿肉和猪肥膘肉为原料。将狗肉切成条，用绞肉机绞碎，猪肥膘切成 1 厘米见方的块状。

（2）灌肠　肠衣用猪小肠或羊肠，先用温水浸泡 2～3 小时，洗净、通水，检查并去除漏孔部分。灌肠用机械或手工均可，如可采用灌肠机灌入肠衣内。

（3）结扎　将灌好的肠每 15～20 厘米结扎成 1 段，灌好肠并打结后，用针刺孔，放掉气体，气多的地方多扎几针，避免水分和空气外泄而引起肠衣破裂。灌好的肠应及时放入 50℃温水中漂洗，防止表面因黏有肉馅而在烘烤时肠与肠粘连，或烘烤后肠表面不光滑。

（4）烘烤

①方法一　灌好的肠放入烘箱（房）烘烤，温度 36～45℃。每烘 6 小时将肠上下换位倒挂，使肠烘烤均匀，连续烘烤 48 小时即为成品。烘烤的温度不能过高，过高会引起油渗透出肠衣外。

②方法二　将灌好的肠挂在木杆上，放置在阳光下晾晒，或置于 40～50℃的干燥室内干燥 2～3 小时，再挂在通风良好处继续吹干 10～15 天，至含水量低于 55％时即为成品。

4. 产品质量标准

（1）感官指标

①色泽　表面干燥，呈褐、红、白色相间，有光泽，切面呈褐、红、白色相间的大理石样花纹。

②滋味和气味　具有明显的狗肉特有的芳香味，略带甜味，鲜香可口，无异味。

③组织形态　组织紧密，切面平整、光滑、富有弹性。

④口感　口感舒适，软硬适中。

（2）微生物指标　成品符合 GB 2730—2005 国家腌腊肉制品卫生标准要求。

（二）芽菜风味狗肉香肠的加工

宜宾芽菜是地方特产菜，质地脆嫩，气味芳香，味道鲜美。选用狗肉为原料与名特产芽菜结合，生产出具有一定营养保健作用和风味独特的芽菜风味狗肉香肠新产品，这也是开发香肠制品的一种新尝试。

1. 配方　狗肉 75 千克，猪肥膘肉 25 千克，以下配料按狗肉、猪肉混合重 100 千克计算，宜宾芽菜 15 千克，陈皮 1.5 千克，曲酒 2.5 千克，食盐 2.8 千克，白砂糖 5 千克，姜 3 千克，亚硝酸钠 10 克，抗坏血酸 100 克。

2. 工艺流程

原料肉挑选→清洗→切丁原料芽菜→清洗→切粒→调味→灌肠→漂洗→烘烤→冷却→包装→称量→检验→成品

3. 操作要点

（1）原料处理　狗肉选自健康狗，去除瘀血、骨、皮、筋腱。芽菜要去掉硬枝并反复清洗，洗净砂粒。姜要切碎，陈皮等其他辅料需烘干捣成粉，并与其他原料充分混匀，这是产品呈芳香味的关键。

（2）灌肠　用机械或手工均可。灌好肠打好结后，用针穿刺放气。灌好的肠应及时放入 50℃温水中漂洗，防止表面因黏有肉馅而在烘烤时肠与肠粘连，或烘烤后肠表面不光滑。

（3）烘烤 灌好的肠放入烘箱（房）烘烤，温度 36～45℃。每烘 6 小时，将肠上下换位倒挂，使肠烘烤均匀，连续烘烤 48 小时即为成品。烘烤的温度不能过高，过高会引起油渗透出肠衣外。

4. 产品质量标准

（1）色泽 表面干燥，呈褐、红、白色相间，有光泽。切面呈褐、红、白色相间的大理石样花纹。

（2）滋味和气味 具有明显的芽菜、陈皮和狗肉特有的香味，略带甜味，鲜香可口，无异味。

（3）组织形态 组织紧密，切面平整、光滑、富有弹性，芽菜与狗肉结合完好。

（4）口感 口感舒适，软硬适中。

5. 结论 选用营养丰富药食同源的狗肉与风味鲜香的芽菜生产出的芽菜风味狗肉香肠产品是可行的。产品色、香、味、形俱佳，口感舒适，风味独特。芽菜切碎、陈皮烘干捣成粉状、与原料、辅料混匀以及烘烤时的温度是产品产生香味和成色的关键。

（三）狗肉火腿肠的加工

1. 加工材料 原料包括鲜狗肉、猪肉、猪肥膘、腌制料、调味料、冰块。选用聚偏二氯乙烯肠衣。设备包括绞肉机、盘式斩拌机、灌装扎口机、杀菌锅、冷库。

2. 配方 狗肉 28 千克，猪肉 28 千克，猪肥膘 14 千克，冰块 25 千克，食盐 1.80 千克，香料 0.70 千克，亚硝酸钠 0.01 千克，味精 0.15 千克，淀粉 2 千克，糖 0.50 千克，复合磷酸盐 0.23 千克。

3. 工艺流程

原料肉的选择整理→配料→腌制→绞碎冻结→斩拌→灌制→杀菌熟化→成品→质量鉴定

4. 操作要点

（1）原料肉的选择、整理 以新鲜狗肉和猪肉为原料，肥膘以猪背膘为好，剔除肉中的肠膜、筋腱及瘀血等，然后洗净、沥干备用。

（2）腌制 将肉块切成适当的小块，加入食盐、亚硝酸钠、磷酸盐混合均匀，在 4℃的冷库中腌制 2 天。

（3）绞肉、冻结 使用孔径为 1 厘米的电动绞肉机将腌制好的肉块绞碎，肥膘可切成 0.6 厘米见方的膘丁。肉糜放在平盘中，于－18℃的冷库中冻结。

（4）斩拌　将冻结肉糜切成小块，放入冷凉的盘式斩拌机中，加入配料，其投料顺序为：狗肉→猪肉→冰块（部分）→调料→肥膘，中速斩拌约 10 分钟，控制其斩拌温度在 10℃以下（可添加剩余冰块来调整），待肉糜细腻、光滑及具有弹性即可。

（5）灌制　将斩拌好的肉糜放入灌制扎口机中，采用聚偏二氯乙烯塑料肠衣，在约 $4×10^5$ 帕压力下灌装，要求灌制均匀一致。

（6）杀菌热化　采用高温高压杀菌法（120℃，25 分钟），以利于延长保质期。可根据不同制品的粗细而适当延减杀菌时间。杀菌后及时干燥肠衣，再进行品质检验。

三、狗肉干的加工

（一）配料

D-异抗坏血酸钠 60 克，味精 200 克，混合香辛料 300 克，姜汁 1 千克。

（二）工艺流程

原料肉预处理→修整→腌制→蒸煮→烘干→包装→成品

（三）操作要点

1. 原料肉的修整　将狗瘦肉经修整，除去筋腱、脂肪等，然后切成厚约 4 厘米的肉块，每块质量为 200～300 克。

2. 腌制　先将各种配料混合，然后加入整理好的原料肉中搅拌均匀，置于 5℃左右的环境中腌制 2～3 天。

3. 蒸煮　将腌制好的狗肉用 100℃的蒸汽加热蒸煮 1 小时，肉块中心温度达到 85℃即可，然后取出冷却。冷却后，根据成品的规格要求，将肉块切成一定的形状和大小。

4. 烘干　将切好的肉块放入烘烤箱内烘干，温度控制在 90℃左右，至肉块表面呈浅褐色即可，时间约需 5 小时。

5. 包装　肉干在自然条件下储藏容易吸水回潮，为了延长保藏期、防止变质，需包装后储藏。用塑料袋密封包装可在常温下保存 2 个月左右，用马口铁罐包装在常温下可保存 4 个月左右，也可采用真空包装。

四、软包装五香狗肉的加工

(一) 配方

狗肉的制作方法很多,而南方人则重色、香、味的结合,故以五香酱汁的加工最受人们的青睐。

1. 香辛料类 以 100 千克鲜肉块计,丁香 150 克,八角 80 克,小茴香 80 克,桂皮 100 克,花椒 60 克,沙姜 60 克,用纱布袋包裹待用。姜片 500 克,辣椒 150 克(切碎,带籽实),用纱布袋包裹。

2. 调味料类 食盐 2 千克,白砂糖 4 千克,酱油 4 千克,黄酒 1.5 千克,味精 300 克(供调味用)。

(二) 工艺流程

选料→斩块→清洗→预煮→冲洗→沥水→调味→浸汁→称重装袋→真空包装→消毒→冷却→套标签袋→装箱

(三) 操作要点

1. 选料 南方各地狗肉原料大部分由河北、山东等地调入。选购原料时以剥皮狗胴体为好,燂毛狗胴体应慎用,因体表多留有绒密的软毛与糙感的毛根而影响质量,故以剥皮的原料较符合加工要求。剥皮狗的质量要求是胴体冷冻良好,体表光洁不存余皮,腕、跗关节下去除肢端,腹腔中不存内脏残余。原料供应方应持有家畜检疫部门的有效证明书。

狗胴体在解冻时池内宜多放水将其淹没,使之充分浸泡软化,利于洗去污物。

2. 斩块 解冻后的胴体倒挂在钩上,沿脊椎骨将其劈成两半,连在躯体上的狗头同时劈开,随势取下脊髓与大脑,待全部收集后抛入炉内销毁。胴体在操作台上用斧斩成 300 克左右的肉块。

3. 清洗 切块后的狗肉腥味浓重,把肉块倒入流动水中,不停搅拌洗去血污,待水质变清后倒入食品周转框内沥去浮水。

4. 预煮 在清洁的大锅中放 2/3 清水,将香辛料包浸入水中使之吸水,1 小时后加热,并用铲刀将料包压入水中使芳香物质溶入,待锅边起泡时加入肉料的 1‰食盐,沸腾后倒入肉块,待锅里的肉块下沉便经常铲动,不断改变肉块在锅内的位置,防止结焦。蛋白质在 40℃时就逐渐凝固,60℃后大量凝固,此时液面会有浮沫泛出，初为黑褐色的沫，且沫多而厚，应用网丝将其从液面捞出，浮沫须撇得干净以排除异味。至液面泛出乳白色浮沫时预煮达到目的。

5. 冲洗　预煮后的肉块捞出放入流动的清水中，使之迅速冷却，冷却后肉块再放入食品周转框中。

6. 沥水　肉块由周转框中倒到操作台上，沥去冷却肉块的浮水。

7. 调味　如为第一次加工尚无供肉块调味的卤汁，制作卤汁可用预煮时的清汤作基料加工，存在锅中的汤汁经过 2 小时的冷却和沉淀之后，沫状物泛在上面，沉淀物积在锅底，撇尽沫的汤汁用双层纱布过滤，滤液置入锅内，放入香辛料，食盐 1.5 克，红酱油 3 千克，白砂糖 5 千克，煮沸，翻动，随水分的蒸发汤汁变深变浓，1 小时后改用文火微沸，加入黄酒 2 千克持续微沸 15 分钟。白糖在卤汁中起到增色、提味、助鲜的作用，适量放置对调味极为有益。

重新置换香辛料包，先将它们置入汤汁中继续加热，沸腾片刻后加入食盐、酱油、白砂糖、黄酒，在滚沸时倒入经预煮的肉块。如汤水未能淹没肉块，可续加预煮时的新鲜汤水，使肉块浸没在汤水中，俗称宽汤烧煮法。肉块沸腾片刻之后即改为文火烧煮，保持中心部位有水泡出现，肉块在变熟的同时使调味料、香辛料渗入其间。肉块表面渐为酱红色，这是由于脂肪溶入肌肉间使肉块亮泽，此时再用旺火催沸其色泽更浓，即可停火出锅。

8. 浸汁　经调味后的肉块不能立即包装，除了灼热的肉块不能操作之外，露置在空气中其表面水分极易蒸发变干，肉块色泽变深以至转黑。

为保持产品应有的色泽可将肉块倒入清洁干燥的缸内，倒入味精、香辛料包和调味中所用的卤汁。若为两锅同时调味时，彼此交换卤汁其效果更佳，使肉块更具一致的色香味感。经 12 小时的冷却后表面有一层白色油脂凝集起来。

9. 称重装袋　肉块起缸前先撇去凝固的油脂，再将肉块倒入大搪瓷面盆中，称重装袋在包装间内进行。狗肉的出品率约为 46%，为使每包内的肉块分布相对均匀，一般四肢与颈背肌肉及胸腹壁肌肉配合进行包装。每袋重量为 300 克或 250 克，装入的半成品狗肉原料为 285 克或 240 克，卤汁为 15 克或 10 克。

10. 真空包装　在调试好真空度、热封温度与所需时间后先行试包，要求包装袋经抽空后将肉块紧密包裹，封合线黏合牢固、线条平整挺括，无皱纹、搭边发生，如无上述情况出现则可连续操作。

11. 杀菌　采用高温高压杀菌，其袋应错开码放于篓中。杀菌公式为 10 分钟—4 分钟/118℃反压降温或 10 分钟—45 分钟/120℃加压水杀菌，反压降温。

(四）产品质量标准

1. 感官指标 软包装五香狗肉产品的感官指标见表 2 - 15。

表 2 - 15 软包装五香狗肉产品的感官指标

指标名称	规　定
色泽	酱黄色，肉块切面平整光滑，呈红棕色调
气味与滋味	芳香味浓郁，具有狗肉所特有的滋味，无异味
组织状态	肌肉组织致密，软硬适中，骨体易从肉内取出，肉块间存有少量胶冻存在
杂质	不存在

2. 理化指标 软包装五香狗肉产品的理化指标见表 2 - 16。

表 2 - 16 软包装五香狗肉产品的理化指标

指标名称	规　定
净含量	每袋净含量 300 克，内有供添称小块 1 块，净含量允许公差 ±5 克，每箱不低于标明净含量范围
氯化钠含量	1.5%～3%
微生物指标*	符合罐头食品商业无菌要求

注：＊为查验商业无菌的效果，每批产品在无菌冷却后任选试样 4 包，在封合线处粘上标有生产日期的橡皮胶，将试样放入 37℃细菌培养箱内连续观察 1 周。如包装袋仍与肉块紧密一体，说明该产品符合商业无菌要求，产品保质期能达到规定期限。

五、新型软包装狗肉制品的加工

(一）配料

1. 腌制基础配料 以原料肉重 100 千克计，复合磷酸盐一定量，水 4 千克，糖 1 千克，食盐 2 千克，味精 100 克。

2. 卤制配料 以原料肉重 100 千克计，食盐 1.5 千克，白糖 0.5 千克，花椒 100 克，肉豆蔻 30 克，沙姜 50 克，白芷 80 克，陈皮 30 克，八角 60 克，小茴香 30 克，桂皮 60 克，砂仁 50 克，丁香 30 克，良姜 60 克，草果 30 克，还要加入绿豆、姜、小葱、洋葱、蒜、曲酒、啤酒适量，以利去腥，加水烧开，卤制 15 分钟。

3. 汤料　为了适合不同口味消费者的需要，可对狗肉软包装制品的汤料进行不同的调配，一般汤料的添加量为肉重的 1/5 左右为宜。

4. 出品率的计算方法

出品率＝卤制后肉净重/原料肉净重×100％

（二）工艺流程

原料肉→分割→清洗→剔肉→切块→清洗→腌制液、腌制→预煮（95℃，5 分钟）→卤制（15 分钟）→浸汁→称量→装袋→真空包装（真空度8.6×10^4～9.6×10^4 帕）→高压杀菌→恒温检查（37℃，7 天）→成品包装→成品

（三）操作要点

1. 原料选择　选择优质肉狗作为加工原料，严格禁止用各种疫病流行的肉狗及病死肉狗作为加工原料。凡进入原料收购的肉狗都应经兽医人员进行检疫。

2. 原料处理、清洗　屠宰加工的狗肉必须经卫检人员检验。不合格的原料不允许用于软包装制品的加工。检验合格的狗肉去头后进行开边处理，然后按照肉狗的生理结构进行合理肢解，肢解后的肉狗原料应为条状。把肉条倒入流动水中，不停搅拌洗去血污，待水质变清后倒入食品周转框内沥去浮水。剔除肌膜、筋腱，将原料肉斩成 5～6 厘米长、3～4 厘米宽的小块，然后再次清洗。

3. 腌制　按照配方要求配制腌制液，然后将清洗干净的狗肉块浸入腌制液，在 4℃温度下进行腌制。

4. 预煮　将块状狗肉原料投入约 95℃沸水中预煮 5 分钟左右，清除浮在上面的泡沫，捞起晾干。

5. 卤制　在卤制液中卤制 1 小时左右。使用量按不同地区口味要求加入，要掌握好麻、辣味辅料的投入量。

6. 浸汁　卤汁与狗肉原料一起入缸或桶中，浸汁 4～6 小时。浸汁时按照不同地区要求投入花椒粉、海椒粉、五香粉、白糖、味精、食盐、豆油等，以增加卤汁的浓度，浸汁后捞起晾干，置于盆中。

7. 称量、装袋　每袋装入半成品狗肉原料 285 克或 240 克，卤汁 15 克或 10 克，前者为每袋 300 克，后者每袋为 250 克。抽真空进行包装，真空度8.6×10^4～9.6×10^4 帕。内包装袋使用三层蒸煮袋。

8. 杀菌　装入高压杀菌釜杀菌，最佳杀菌条件为 121℃，杀菌 25 分钟。

9. 成品包装　将产品杀菌后冷却至 38~42℃，产品运送到成品包装间平搁于地板上，晾干袋外水分，擦净污物即可进行外包袋，包装时严格检查。装入外包装后即进入热塑封口，温度为 300℃左右。封口后即进行装箱。

(四) 产品特点

1. 较高的出品率　把按传统酱卤工艺制得的成品（出品率 45%~50%）做空白试验，以检验腌制、搅拌及卤制工艺的改进效果，结果表明：通过加入肉重 0.3% 的复合磷酸盐，在 4℃ 条件下腌制 30 小时，再经 5 分钟的搅拌，卤制 15 分钟可使出品率达到 70% 以上，使出品率提高 20% 以上。

2. 工艺改进使感官品质明显改善　狗肉腥味浓厚，调味去腥是狗肉加工中的一个重要步骤。可采取以下阶梯式的调味去腥方法：第一步剔除大块脂肪；第二步清水预煮；第三步加入多种配料去腥调味；第四步调配料汤，改善风味。通过以上几个步骤，可很好地去除狗肉腥味，并获得适口的风味，通过工艺的改进和发色剂的调整，使狗肉制品的色泽、风味等得到了改善。

六、狗肉脯的加工

(一) 配方

原料肉 100 千克，食盐 2 千克，酱油 4 千克，白糖 8 千克，白酒 1.5 千克，味精 200 克，复合磷酸盐 200 克，D-异抗坏血酸钠 50 克，烟酰胺 50 克，亚硝酸钠 5 克，白胡椒粉 200 克，混合香辛料 240 克，姜末 300 克，鸡蛋 3千克。

(二) 工艺流程

原料肉预处理→绞制→腌制→斩拌→烘干→烤制→包装→成品

(三) 操作要点

1. 原料肉预处理　利用其他狗肉制品加工过程中所修剩下的小块肉和少量肥膘。肥膘不宜过多，肥肉与瘦肉比不要超过 1:10。将原料肉切成长条，用清水洗净沥干。

2. 绞制　把整理后的原料肉用绞肉机绞碎，注意肥膘不要用绞肉机绞碎。

3. 腌制　将混合好的各种配料加入绞碎的狗肉中搅拌均匀，置于 5℃ 左右温度下腌制 24 小时。

4. **斩拌**　将腌制后的狗肉放入斩拌机中斩成肉糜，也可用人工剁成肉糜，同时加入占原料肉质量 5% 的淀粉和 2.5% 的大豆分离蛋白粉，混合均匀。

5. **烘干**　先将斩拌后的肉糜涂抹平摊于竹筐上，厚约 2～3 毫米，厚薄要均匀。然后，放入烘房加热脱水，温度维持在 70℃ 左右，时间约需 2 小时。

6. **烤制**　烘干后的肉呈完整的薄片状，从竹筐中取出，移入烤盘中，然后放入远红外烤炉中进行烤制，温度控制在 200～240℃，时间约需 1.5 分钟，至肉片收缩出油，表面呈棕红色为止。出炉后立即压平。

7. **包装**　待肉片稍冷却，趁其柔软时按成品规格要求切成 12 厘米×8 厘米的长方形，马上包装。可用复合塑料袋密封包装，也可用马口铁罐包装。

七、酱卤狗肉制品的加工

（一）配方

原料肉 50 千克，花椒 100 克，八角 80 克，小茴香 30 克，桂皮 80 克，丁香 40 克，草果 40 克，沙姜 30 克，良姜 50 克，陈皮 50 克，食盐 1.5 千克，酱油 1 千克，50 度以上白酒 1 千克。

（二）工艺流程

原料肉的选择与整理→腌制→预煮→卤煮→酱制→油炸→成品

（三）操作要点

1. **原料肉的选择与整理**　选用 1 年左右狗的前后腿肉及脊背肉为好。剥皮剔骨后，割除淋巴结和大的筋腱，切成重约 300 克的肉块，放入温水中浸泡 1 小时左右，捞出沥干水分。

2. **腌制**　将整理好的狗肉，加食盐腌制，食盐的用量为原料肉重的 3% 左右，食盐中事先要加入 1% 的硝酸钾，混匀后使用。原料肉和食盐充分混合拌匀后放入缸中腌制。腌制时间因季节不同而变化，冬季腌 36 小时左右，要防止肉冻结，夏季腌 12 小时左右，注意防止腐败。腌制期间要翻缸 2～3 次，以利腌制均匀。腌好取出放入清水中洗净，沥干水分。

3. **预煮**　锅内加清水烧沸，把腌后的狗肉加入沸水中。旺火烧沸，撇除浮沫，煮约 20 分钟，捞出沥干水分。

4. **卤煮**　将香辛料用纱布包好，放在锅的底部。把狗肉放入锅内，将食盐、酱油、白酒放入锅中，上面用竹箅压住，以防肉块上浮。然后，在锅内加入清水，淹没肉面。用旺火烧沸，撇除液面上层浮沫杂物，再改为微火烧煮，直至肉酥软熟透，需 2～3 小时。出锅后将肉块分开晾干，以防黏合在一起，便于下步操作。

5. 油炸　待肉出锅稍冷却后，洒入适量白酒和酱油，拌和均匀，使肉表面涂一层酒和酱油。然后，放入油锅中炸制，油温维持在 160～170℃，肉在油中要随时翻动。炸至黄红色时捞出，即为成品。注意须用植物油炸制，每次入油的狗肉量不宜多，油温波动不要太大。

八、狗肉罐头的加工

肉类罐头是指以畜禽肉为原料，预处理后装入包装容器，经排气、密封、杀菌、冷却等工艺加工而成的食品。用狗肉加工制作的罐头汁鲜肉嫩、味道鲜香、别有风味。

（一）红烧狗肉罐头

1. 工艺流程

禁食→送宰→击昏（电麻）→吊挂上架→颈部刺杀→脱钩落架→机械剥皮→开膛解体→胴体修整→检验预冷→分割→预处理→油炒→焖煮→装罐→排气密封→杀菌冷却→保温检查→成品→装箱→入库→销售

2. 操作要点

（1）原料选择　不同日龄和体重的肉狗用同样的方法加工后，肉的质地有差异。用日龄长、体重大的肉狗加工，质地较硬，而较低日龄、体重轻的肉狗加工，产品失水率高，成品率低且风味淡。以 100 日龄左右、体重 14～17 千克的肉狗加工出的红烧狗肉入罐头质量最好，肉质鲜嫩，香味浓郁。

（2）宰杀、分割　宰前禁食 12～18 小时，禁食期间要经常给水，直到宰前 2～3 小时停止给水。放血采用切颈法，要求放血充分。机械剥皮时，可将前肢皮的游离端倒背系于铁链并挂在剥皮机的钩上，前肢挂在固定桩上，然后开动绞车将背皮扯下。腹部开膛，去除内脏，冲净膛内污物，然后用刀划开背脊进行劈半，分割，斩去头和脚爪，剔去腿骨和其他大骨，挖去淋巴（保留脊椎骨、肋排和颈骨）。然后，切成 3～4 厘米见方的小块，将残留的毛、淋巴及杂质清除干净。

（3）油炒　炒拌前将切成小块的狗肉用凉水浸泡 0.5 小时后再煮沸，然后将狗肉取出，换新水，再浸 0.5 小时，然后炒拌，这大大减轻了红烧狗肉罐头出现的异味。

①配料　狗肉 100 千克，食盐 2 千克，酱油 5 千克，料酒 3 千克，砂糖 2.5 千克，猪油 3 千克，陈皮丝 0.3 千克，红辣椒粉 0.5 千克。

②炒拌　先将猪油倒入夹层锅内加热烧开，投入陈皮和切块处理后的狗肉，不断炒拌至表面收缩时加入约 1/3 量的料酒，然后加入盐、糖、酱油及其他配料，边加料边炒拌，到半生半熟时取出备用。

（4）香料水的配制

①基本配方　大葱 300 克，姜 300 克，八角 100 克，桂皮 50 克，丁香 50 克，花椒 50 克，白芷 50 克，肉豆蔻 50 克，草果 50 克，味精 80 克，骨头汤 70 千克，香精适量。

②熬制　将上述香料清洗后，姜捣碎，桂皮掰碎，八角、丁香、花椒、白芷、肉豆蔻、草果用纱布扎后投入盛骨头汤的夹层锅内熬煮 0.5 小时以上，过滤，最后加入香色和味精拌匀后备用。

（5）焖煮　经炒拌的狗肉，每 100 千克加入香料水 35 千克，加盖焖煮至肉块熟透，脱水率约为 30%，然后倒入剩余的 2/3 量的料酒，炒拌均匀即可出锅，用不锈钢小孔网筛过滤。把肉和汤分开放置，汤汁控制在 60 千克为宜。

（6）装罐　采用 GB/T 5009.69—2008 规定的涂料罐，净重 397 克，肉块 230 克，汤汁 167 克。

（7）排气密封　热力排气瓶内中心温度不低于 85℃，维持 15 分钟。真空封罐机抽气至 66.7 千帕，并且应比一般无骨罐头适当延长时间。密封用封罐机，并逐罐检查，合格者才能进入杀菌工序。密封后用热水洗净罐外油污。

（8）杀菌及冷却　杀菌公式（热力排气）为 15 分钟—60 分钟—15 分钟/118℃。冷却应分段进行，一般为 100℃，80℃，60℃，40℃，当温度降低至 45℃ 以下即可出锅装罐，涂上防锈油，入库保温。

3. 产品质量标准

（1）感官指标　狗肉块呈棕色，汤汁呈棕色至深棕色；无异味、肉质鲜嫩、香味浓郁、咸淡适中；允许有少量脱骨现象，汤汁稍有混浊。

（2）理化指标　每罐净重 397 克，允许公差 ±3%，但每批平均不低于净重，氯化钠含量 1.2%～2.1%。1 千克制品中，重金属锡不超过 200 毫克，铜不超过 10 毫克，铅不超过 2 毫克。

（3）微生物指标　无致病菌及因微生物作用引起的腐败现象。

（二）五香狗肉罐头的加工

1. 工艺流程

原料肉预处理→预煮→配汤→装罐→排气密封→杀菌冷却

2. 操作要点

（1）预处理　将屠宰后经检验合格的新鲜狗肉用喷灯燎去肉皮表面绒毛，再用清水浸泡，除去污物。然后将肉块切成大块，与冷水同时下锅，烧开后捞出，用清水冲洗，沥净水分。把骨头剔出，同时割除淋巴结、血管、瘀血、黑色素肉、粗筋膜、脂肪和病变组织，再将原料肉切成4厘米左右的方块。

（2）预煮　加水淹没肉块，煮沸，同时撇出浮沫，直至肉块中心无血水。

（3）配汤　其配方为狗骨汤77.8%，砂糖4.67%，精盐2.30%，酱油4.67%，豆油3.12%，姜1.17%，八角0.16%，大蒜1.95%，桂皮0.11%，黄酒3.39%，味精0.23%，琼脂0.35%。先将姜、蒜、八角、桂皮等香辛料研成粉末，加水煮沸4小时，过滤后加骨汤、砂糖、精盐、酱油、豆油等，煮沸过滤备用。

（4）装罐　将狗肉块定量装入经清洗、消毒过的玻璃罐中，每罐净重500克，固形物250克，汤汁250克（汤汁温度要求80℃以上）。

（5）排气密封　装罐后将其放在排气箱中进行排气，当罐内中心温度达80℃时，即用封罐机进行封口。

（6）杀菌冷却　封口后，罐头在高压锅中进行杀菌，而后用热水分段冷却即成。

（三）清蒸鲜狗肉罐头

清蒸鲜狗肉罐头属于清蒸肉类罐头之一，其生产工艺相对较为简单，而且目前国内生产量较少，市场上也很少见。

1. 工艺流程

原辅材料验收→去毛污→去头、蹄、内脏→分段剔骨→切块整形→装罐→排气→封罐→杀菌冷却→成品

2. 操作要点

（1）原辅材料验收　狗肉采用新鲜狗肉胴体，并经检验合格。宰后剥完皮的狗肉必须经过一段时间的冷却存放，以使其肌肉成熟。不允许用老母狗、配种期狗及质量不合格的狗肉。辅料要求为：

①胡椒　干燥，无霉变，白色，有浓郁的香味。

②五香粉 市售，品质优良，五香味突出。

③食盐 市售，洁白干燥。

(2) **去毛污** 宰后剥完皮的狗肉胴体上还残留有狗毛、污物、血污等杂物，必须冲洗干净，然后搬到工作台上，不得堆压，防止相互污染。

(3) **去头、蹄、内脏** 冲洗干净的狗肉胴体从腹部沿腹中心线到胸部剖开，去除所有的内脏，用清水冲洗胸腔及腹腔，再去除狗头及四肢的蹄部。

(4) **分段剔骨** 将去完头、蹄的狗肉胴体整齐地切成前腿肉块、肋条肉块和后腿肉块 3 段，剔除肉块上的骨头。应注意保持肉块的完整，做到骨肉分离。

(5) **切块整形** 用小刀将剔骨后肉块上的淋巴、污血肉、碎骨渣、粗筋、残留腔隔膜等去除，做到肉质均匀，然后进行切块，切成的肉块应大小均匀，为 3～4 厘米的方块。切好的肉块要整形，不得带有肉筋、肉沫，形态应均匀完整。

(6) **装罐**

①空罐 必须符合《空罐工艺技术要点》规定，罐底罐边平整光滑，质量合格。空罐应洗涤干净，用 80～85℃ 热水消毒。

②原汁熬配 将狗皮上附着的脂肪刮下，再与剔下的狗肉骨、狗肉碎末一同加入清水熬制至浓度达 12％ 即可（折光计测定），然后过滤，加入精盐（5％～6％）、胡椒粉及五香粉适量。

③装罐量 对于 397 克圆形罐头加入狗肉块 340 克，注入原汁液 60 克。肉块装罐时应摆放均匀。装罐完成后，重量允许公差±3％。

(7) **排气封罐** 采用加热排气法，时间为 10～15 分钟，温度为 70～75℃，封罐机真空度在 $6×10^4$ 帕左右。检查罐头外观质量，剔除不良罐，封口卷边质量应符合要求。

(8) **杀菌冷却** 封罐后的罐头应尽快杀菌，封罐后到杀菌停留时间不超过 1 小时。杀菌公式为 25 分钟—120 分钟—25 分钟/121℃，反压（0.16～0.18 兆帕）。

注意：罐头应及时进行杀菌，防止密封后微生物繁殖，影响内容物质量，降低罐内真空度。杀菌开始时要尽量排除杀菌锅内空气。杀菌阶段应校对压力与温度，保持稳定状态，杀菌结束采用反压降温冷却，杀菌锅内空气反压力应高于杀菌压力 0.06 兆帕，否则罐头会变形。

3. 产品质量标准

(1) **感官指标**

①色泽　肉色正常，开罐后汤汁呈淡褐或淡黄色，稍有沉淀。

②味道　具有五香味、清香味及狗肉的特殊风味。

③组织　肉质软硬适度，块形大小均匀。

④杂质　不应存在。

（2）物理化学指标

①固形物　不低于净重的65%。

②氯化钠含量　0.6%～1.0%。

③重金属含量　锡不超过200毫克/千克，铜不超过10毫克/千克，铅不超过2毫克/千克。

（3）微生物指标　无致病菌及因微生物作用所致的腐败现象。

九、沛县鼋汁狗肉的加工

沛县鼋汁狗肉闻名遐迩，曾获"中国特级食品"、"神州美食之花"等殊荣。

（一）肉狗的屠宰

一般来说，一年四季均可以宰狗。为了利用狗的毛皮，则在狗绒毛生长良好的冬季、气温10℃左右进行宰杀。

1. 致昏　为保证宰杀安全、放血充分，需在宰杀前将狗致昏，可用木棒或铁锤猛击狗头的后脑或眉间，使狗脑部受震荡而陷入昏迷状态。也可用电麻的方法击昏。

2. 放血　将致昏的狗，一人用手抓住狗的前肢和后肢，也可用绳子捆起前后肢，另一人左手按住狗的头部，右手用一把锋利的尖刀从狗的颈部胸骨柄左侧刺入，直捅到心脏，放血致死。

3. 剥皮　一般多采用片状剥皮法。将放血而死的狗放在干的地面或挂在剥皮架上，用锋利的剥皮刀从后肢跗关节和前肢腕关节处开口，挑开一环形切线，沿四肢内侧各挑一条切线，前肢挑至胸骨，后肢挑至腹中线，再沿腹中线切开皮肤，上至咽喉，下至肛门，切口整齐、不要呈锯齿状。然后，小心将皮用刀剥开，不要切破皮肤，也不要留过多的肉于皮上。腰部、胸部可采用钝性分离，后肢用刀小心分割。剥取头部皮肤时，要小心地用刀从耳基部将耳分离，再剥离两眼和唇，切断鼻与皮肤连接部，剥至尾根部，抽出或剥离出尾骨，保留全尾并把生殖器割去。

4. 开膛和修整胴体 剥离后要及时开膛。用剥刀从前腿间向下，剖开胸部取出内脏，用清水反复冲洗狗胴体内外和肝、肺、心。摘除内脏时应特别注意，防止划破胃、肠，以免污染腹腔。修整胴体时应悬挂起来，割下狗蹄、腺体以及伤斑、残毛、污垢、血肉等，而后用清水冲洗干净。

(二) 鼋鱼的加工

选重 1 千克左右的活鼋（又称鳖或甲鱼）1 只，断头放血，放入沸水中烫 3 分钟，捞出，刮去壳和裙边黑膜，剔去四爪白衣，洗净，去脚爪和尾。从腹部正中对剖，挖去内脏，冲洗干净。

(三) 狗肉的加工

1. 分割、洗刷 一般将屠宰好的狗胴体分为四大块，即头颈、左肩肋、右肩肋和后臂（后肢），然后放入清水池中反复洗刷，除去狗毛，洗干净，备用。

2. 焖炖 煮狗肉多使用甑锅，一般要煮 8 个小时左右。先将原狗肉的老汤（不能变质）添加清水（放入狗肉后水面超过狗肉 2~3 厘米为宜），盖上锅盖烧沸，然后将分割洗刷好的狗肉和鼋鱼放入锅内，不加锅盖，用大火烧沸。这时不断撇去锅内浮沫、浮油、杂质，同时将用纱布封包好的花椒、小茴香、八角、良姜、丁香、肉桂、山楂、白芷、草果、砂仁、白果等 10 余种配料放入锅内。盖上锅盖大火煮 1 小时左右，打开锅盖放硝酸盐（每千克生狗肉放 15 毫克），进一步排出污物，并使狗肉颜色好看。同时，放盐（老汤加 2%，新汤加 4%）。大火煮 1 小时后改为小火慢煮，这时要不断翻动锅内狗肉，观看狗肉煮熟程度，生的翻下去，熟的翻上来，约 1 小时，至七八成熟时熄火，盖上锅盖焖炖 4 小时。

3. 拆骨 将上述焖煮而成的狗肉捞出，倒在烫洗干净的不锈钢板操作台上，趁热人工拆去狗骨，同时除去筋腱、嘴唇、口边等次品狗肉，晾凉。

4. 包装 将拆骨晾凉的每 100 千克狗肉加 250 克香油和 5% 的汤汁搅拌均匀，然后定量称重（一般 200 克），装入铝箔袋内，再行抽真空、包装。

5. 高温杀菌 将封口的铝箔狗肉袋整齐地放入金属框中，推入杀菌锅内，关好门阀，开动机器，120℃杀菌 2 小时，然后取出，放入冷水中浸泡，检查有无破袋。

6. 保温试验 将杀菌好的铝箔软包装狗肉放入保温室内，37℃下保温 7 天，取出，除去变质的不合格品。

7. 外包装、封口 将保温试验合格的软包装狗肉放入温水中，洗去袋表面污物，擦干，装入印有商标、品名、场址、商品说明等的专用外包装内，封口，即为铝箔软包装高温杀菌的沛县鼋汁狗肉。

这种包装的狗肉保质期长，37℃下保质 12 个月，携带方便，食用安全、卫生，而且保持原有散装狗肉色泽红亮、香气浓郁、味道鲜美的特点。沛县鼋汁狗肉以凉食为佳，食用时用手撕开包装，放入盘中，淋上小磨香油，即可食用。

十、狗肉药膳的制法

狗肉是味美营养食品，更是冬令滋补佳品。食谚说"吃了狗肉暖烘烘，不用棉被可过冬。"在冬令常食狗肉具有滋补、养生、保健御寒等功效。

（一）狗肉火锅

将膘肥肉厚的雄狗肉切成小块，放到沸水锅中微煮后，沥水待用。烹饪时，用砂锅取 500 克狗肉，加 1 500 毫升清水，用大火烧开后再放入沥过水的狗肉，去沫，加上枸杞、陈皮、草果、花椒、干辣椒、姜、葱、胡椒、料酒，用文火炖烂，加适量的盐即成。配以各种荤素生菜食用。

（二）麻辣狗肉

1. 配方 狗肉 500 克，麻辣油 75 克，植物油 500 克，精盐 3 克，酱油 20克，白糖 5 克，味精 1 克，花椒粉 5 克，料酒 10 克，干辣椒 15 克，青蒜 30克，鲜姜 10 克，香油 15 克，清汤适量。

2. 制作方法

（1）将狗肉洗净，放入沸水锅中煮透捞出，趁热倒上酱油，下入热油锅中炸至色黄肉香，捞出切成小块待用。

（2）鲜姜刮去外皮，切成细丝，青蒜择洗干净后切成两段，干辣椒切成细丝待用。

（3）炒勺擦净上火烧热，放麻辣油、狗肉、精盐、料酒、白糖、干辣椒、姜丝及清汤，扣上锅盖，烧开后移小火焖至狗肉酥烂入味时，撒下青蒜、花椒粉和味精炒匀，再淋入香油，趁热上桌即成。

3. 产品特点 狗肉酥香，口味麻辣，开胃可口，增进食欲。最适宜四肢不温、腹中冷痛、腰膝酸冷者食用。

（三）枸杞狗肉

1. 配方 狗腿肉 1000 克，枸杞子 50 克，植物油 50 克，精盐 5 克，料酒 20 克，酱油 20 克，白糖 5 克，胡椒面 2 克，味精 1 克，大葱 25 克，鲜姜 15 克，清汤适量。

2. 制作方法

（1）将狗肉洗净，切成 3 厘米见方的块，投入沸水锅中煮透，捞出用凉水洗净血沫。枸杞子洗净后用温水浸泡 15 分钟。大葱切成长段，鲜姜拍扁待用。

（2）炒勺内放入植物油置火上烧热，下葱、姜稍煸，再将狗肉下锅一起煸炒，然后烹入料酒，加酱油炒匀上色。

（3）将炒好的狗肉盛放在两个蒸碗里，分别放入枸杞子、精盐、白糖、胡椒面、味精，添入适量清汤，入蒸笼用大火蒸之。待狗肉蒸烂后取出，挑出葱姜不用，调好味即可上桌。

3. 产品特点 汤清肉烂、味香鲜美、富于营养。有暖胃补虚、祛风除寒、补中益气、壮阳补血之功效，最宜老年人冬、春季食用。

（四）茴香狗肉

1. 配方 狗肉 500 克，茴香 15 克，陈皮 1 克，红枣 10 克，大葱 20 克，鲜姜 10 克，精盐 3 克，酱油 30 克，料酒 15 克，白糖 5 克，胡椒面 2 克，味精 1 克，水淀粉 25 克，植物油 500 克（约耗 50 克），香油 10 克。

2. 制作方法

（1）将狗肉洗净，切成小块，倒入四五成热的油锅中过油至熟，捞出沥去余油待用。鲜姜刮去外皮洗净，切成细丝，大葱切成 3 厘米长的葱段备用。

（2）将炒锅放到火上，放入植物油 25 克烧热，下葱段、姜丝煸香，随后放入狗肉、茴香、陈皮、红枣、精盐、酱油、料酒、白糖炒匀，添入适量清水，扣上锅盖，用大火烧开，再改用小火炖至狗肉酥烂时，撒入胡椒粉和味精，用水淀粉勾成薄芡，最后淋上香油，趁热上桌即可

3. 产品特点 狗肉酥烂，口味香醇，肉质鲜嫩，为冬令佳肴。常食有祛寒行气、暖胃健脾、滋补腰膝、壮阳固精之功效。

（五）红煨狗肉

1. 配方 狗肉 750 克，附片 10 克，当归 15 克，桂皮 3 克，精盐 4 克，酱油 40 克，料酒 20 克，味精 1 克，葱结 10 克，干红椒 5 个，青蒜 25 克，熟猪

油 100 克。

2. 制作方法

(1) 将狗肉洗干净，斩成小块，与冷水同时下锅，烧开后用漏勺捞出，沥去水。青蒜切成寸段，附片、当归、桂皮清洗干净，待用。

(2) 将炒勺放旺火上，放入熟猪油，烧至八成热时下狗肉煸炒 3 分钟，再烹入料酒，放入酱油、精盐继续煸炒，直至收干水分，使佐料入味。取砂锅或搪瓷烧锅放入狗肉，加桂皮、附片、当归、葱结、姜片、红干椒及适量清水，盖好盖，先用中火煨，后改为小火，煨 2 小时即烂。然后，去掉桂皮、葱结、姜片、红干椒，将狗肉倒入炒勺，加青蒜、味精烧开，盛入盘中即成。

3. 产品特点　色泽酱红，肉质酥烂，味道香辣，冬春皆宜。具有益气壮阳、固精添髓、驱寒壮腰、强身健体之功效。

(六) 砂锅狗肉

1. 配方　狗肉 1 000 克，青蒜 150 克，植物油 100 克，精盐 5 克，料酒 20 克，白糖 10 克，味精 1 克，胡椒面 3 克，豆瓣酱 20 克，大葱 15 克，鲜姜 20 克，清汤适量。

2. 制作方法

(1) 将狗肉切成 4 厘米见方的块，洗净并控去水。青蒜择洗干净，切成 3 厘米长的段，姜切块拍破，大葱切成小段。

(2) 炒勺内放入 50 克植物油浇热，下入狗肉煸炒，待肉收缩、水分炒干时盛出。炒勺内再放入 50 克油烧热，将拍好的姜块投入且炸出香味后取出，接着把葱段下锅稍炒，加豆瓣酱炒出香味后，放入狗肉和炸过的姜块，再烹入料酒稍炒片刻，然后倒入清汤，下精盐、酱油、白糖，烧开后，撇净汤去浮沫，倒入砂锅内用小火煨之。当狗肉煨烂后，挑出姜块，加胡椒和味精调好味，待砂锅要离火，将青蒜下入砂锅内即成。

3. 产品特点　肉烂汤浓，原汁原味，香味俱佳，营养丰富。具有补中益气、活血驱寒之功效。适用于平素脾胃虚弱、脘腹冷痛、腰膝感寒、四肢寒冷者进补。

(七) 黄酒狗肉煲

取狗肉 750 克、绍兴黄酒 50 克，烹饪时把狗肉斩成 5 厘米见方小块，在沸水中焯一下，捞出盛于碗中。炒锅上火，放进适量的色拉油，待油烧至四成熟时，下入葱段、姜片，炒出香味，喷入 50 毫升黄酒，将狗肉入炒锅煸炒，放入适量的盐、酱油、八角，加入新鲜的高汤，待肉呈现深红色时，倒入煲中。把煲中的汤汁烧开，收浓。用香菜、蒜苗丝加以点缀，配以绍兴黄酒。有补中益气、温肾助阳、舒筋活血、祛风散寒、振脾健胃的功能。

（八）狗肉粥

狗肉 250 克，粳米（或糯米）适量，姜少许。狗肉切成小块，加水、姜、粳米同煮成粥，早晚餐温服。用于辅助治疗年老体衰、遗精、阳痿、早泄、营养不良、小儿发育迟缓、畏寒肢冷等症。煮狗肉粥还可加入红豆、黑豆、黄豆、绿豆和薏米等，称为五福狗肉粥。

（九）淮杞炖狗肉

淮山 60 克，枸杞 60 克，狗肉 1 000 克，姜、料酒、盐适量。狗肉切碎烹炒后与诸味同入砂锅，以文火炖至狗肉熟烂后服食。用于体弱、肾精亏损及少气贫血等症的补养及治疗。

（十）姜附狗肉

熟附片 30 克，姜 130 克，狗肉 1 000 克，大蒜、葱、菜子油适量。将狗肉洗净，切成小片，将姜煨熟备用。先用菜子油滑锅，下葱略炒，再将附片放入铝锅或砂锅内，加水适量，先熬煮 2 小时，然后将狗肉及药、姜放入，至狗肉炖烂，加蒜略焖即成。食用时可分餐，一次不宜过饱。具有温肾散寒、壮阳益精的功效，适用于阳痿、夜多小便、肾寒、四肢冰冷等阳虚症。

（十一）党参附片狗肉汤

党参 30 克，附片 20 克，狗肉 500 克，姜 9 克。狗肉切小块，加入党参、附片、姜、适量清水，煮到狗肉烂熟，去附片，加少量食盐调味，分顿食肉饮汤。党参补中益气，附片温中补阳，狗肉补中益气、温肾助阳，适宜脾肾阳气不足、五更溏泻、畏寒肢冷者食用。

十一、其他狗肉产品的加工

（一）香酥狗腿

1. 选料　用新鲜的整只狗前腿肉，先割除表面筋油，从腕关节处割去脚爪。用铁钎或刀尖在腿肉表面刺一些小孔，然后用清水洗净沥干。

2. **腌制** 1只狗前腿，用食盐75克，料酒150克，花椒粉10克，胡椒粉10克，葱末25克，孜然10克，香味粉1克腌制。将盐和胡椒粉混合，均匀地擦在腿肉表面，反复揉搓，以利入味。腌渍片刻，再把其他配料放在一起混匀，遍擦于腿肉表面。置于阴凉处腌渍10小时左右。

3. **蒸煮** 用大火将狗肉蒸1.5小时至熟透，取出冷却。

4. **挂糊** 取鸡蛋液和玉米淀粉，按2∶1的比例混匀，搅拌成糊状，均匀地涂抹在腿肉表面。

5. **油炸** 锅中倒入食用油，用旺火烧至200℃，放入挂糊的狗肉，油温保持在200℃左右，炸至表面呈黄色即可。炸好后捞出切片，撒入少量孜然粉即成。

（二）烤乳狗

1. **屠宰与整理** 选用4千克左右皮薄肉嫩、躯体丰满的乳狗。采用心脏刺杀放血法将其杀死，放血后，放入热水中浸烫，迅速将狗毛刮掉，再用清水冲洗干净。从腹正中线用刀剖开胸腹腔和颈部肌肉，取出全部内脏器官。弃除舌、尾、脚爪。在体腔内面，从脊柱正中劈开脊柱（切莫劈开皮肤），暴露肩胛骨和臀骨并分离剔除。在股部和臀部内侧厚处划几刀，以便腌制时入味。

2. **腌制与打糖** 取食盐75克，白糖150克，干酱50克，芝麻酱25克，豆腐乳50克，五香料7.5克，蒜泥、葱末、酒少量。将五香料放入锅中炒热，加食盐拌和，然后均匀涂抹在乳狗体腔内面和四肢刀口上。腌制10分钟后，再将其他配料混合均匀同样涂抹其上。用长铁叉把狗从后腿穿至嘴角，将乳狗挂起，用80℃左右热水浇淋皮面，同时刮净皮上油污。晾干后，将白糖水均匀刷在皮面上，挂在通风处晾干。

3. **烤制** 采用明炉烤法，用的是铁制长方形烤炉，将炉内炭火烧旺，把腌好的乳狗放在烤炉内烤制。先烤体腔内面，约烤20分钟，然后烤皮面，约烤30分钟，至皮面色泽开始转黄时取出，用针扎孔，并将皮面上流出的油刷匀。入炉继续烤制，注意须不时转动，并随时在表面上针刺和刷油，至皮面红黄、肉色均匀，出炉即为成品。

第三节 野猪肉产品加工技术

一、野猪肉的营养价值

野猪，又称山猪，肉可食，皮可制革，鬃毛可利用，骨头还可制药。野猪肉质鲜嫩香醇、野味浓郁、瘦肉率高、脂肪含量低（仅为家猪的 50%），营养丰富，含有 17 种氨基酸和多种微量元素，亚油酸含量比家猪高 2.5 倍。

二、速冻野猪肉丸的制作

（一）加工材料

1. 原、辅料　检验合格的野猪肉原料及食盐、白糖、味精、白胡椒等辅料。

2. 设备　绞肉机、斩拌机、丸子成型机、蒸煮槽、电子秤等

（二）配方

野猪精肉或野猪碎肉（瘦肉和肥肉比例 8∶2）100 千克，食盐 2.2 千克，白糖 1.8 千克，味精 0.5 千克，白胡椒 0.2 千克，亚硝酸钠 0.006 千克，鲜葱 3 千克，鲜姜 2 千克，磷酸盐 0.03 千克，D-异抗坏血酸钠 0.05 千克，卡拉胶 0.6 千克，蛋白粉 1.5 千克，淀粉 5 千克，水 20 千克。

（三）工艺流程

原料选择→解冻→修割→绞肉→斩拌→成型→蒸煮→散热→定量包装→速冻→金属探测→储藏入库

（四）操作要点

1. 原料选择、解冻　原料必须经检疫、检验合格，丸子加工使用的原料为优良的野猪肉或野猪屠宰分割过程中产生的碎肉，将瘦肉和肥肉比例调整为 8∶2。环境温度控制在 12～20℃进行自然缓化，夏季温度较高时可开空调降温，冬季以蒸汽升温，淡季每班淋水 6 次，每次间隔 1 小时，旺季每班淋水 10 次，每次间隔 40 分钟，原料肉缓化时间 24～48 小时。原料肉解冻标志为表面无黏液和干硬、无异味，肌肉中心温度达 0～2℃。

2. 分割　根据原料肉的使用要求，抽取缓化后的原料进行自检，除尽瘀血、异物等后修割，并测定原料肉的脂肪含量、利用率及失水率。检测频率根据需要而定。

3. 绞肉　原料肉采用 4 毫米孔板绞制，盛放在干净的容器中，绞制后原料肉温度控制在 8℃以下。

4. 斩拌　将绞制后的野猪肉倒入斩拌机中，然后启动刀低速和锅高速斩

拌 2~3 分钟，加入盐、糖、味精等辅料，3~4 圈后加入 1/3 的冰，启动刀高速斩拌到锅中肉温达到 7~8℃时，加入蛋白粉和 1/3 的冰，温度再次达到 7~8℃左右时，加入香辛料斩拌 2~3 转，然后添加剩余的冰、淀粉继续高速斩拌，斩拌均匀后出锅，要求肉温≤12℃。

5. 成型　用温水对肉丸成型机进行清洗消毒后，将肉料适量放进机器内，调整丸子的大小（控制在 7~8 克即可）。丸子生产时机器下面放一周转盘，周转盘内放入 82℃的适量热水对丸子进行定型。成型后捞出，圆转盘内的热水定时进行更换，始终保持是热水。

6. 蒸煮、散热　将成型好的丸子倒入夹层锅进行蒸煮，水温 92℃，待蒸煮成型的丸子浮出水面，即可用漏勺捞出放在筛网上散热，散热到 15℃以下进行包装。

7. 包装　将冷却好的丸子包装，每袋 1 千克，允许偏差±5 克。

8. 速冻　送到-35℃的急冻库速冻，至产品中心温度达到-18℃以下即可。

9. 入库　送入-18℃以下的库中存放。

（五）产品质量标准

野猪肉丸表面均匀一致近似球形，光滑，解冻后表面呈鲜红色；熟制后肉质紧密、富有弹性，口感咸淡适中，无粉质感，肉香味浓，口感好。速冻野猪肉丸-18℃下保质期为 12 个月。

三、凤凰香肚

"凤凰香肚"是湘黔边境凤凰城的名特产品，相传有几百年历史。

（一）配方

1. 主料　野猪瘦肉 20 千克，猪肉 20 千克，猪肥膘 10 千克，冰水 18 千克。

2. 辅料

（1）食盐 1.7 千克，白糖 2.0 千克，味精 0.1 千克，鲜味剂（I+G）0.005 千克，亚硝酸钠 5 克，D-异抗坏血酸钠 0.1 千克，桂皮汁 10 克，草果汁 5 克，丁香汁 1 克，花椒汁 3 克，八角汁 18 克，干姜汁 15 克，白蔻汁 30 克，肉蔻汁 5 克。

（2）猪肉香精 0.15 千克，分离蛋白 2 千克，大豆蛋白 1 千克，淀粉 5 千克，卡拉胶 0.1 千克，香葱粉 0.2 千克。

（二）工艺流程

原料预处理→切片、绞肉→滚揉→搅拌→灌制→煮制→熏烤→冷却→包装→杀菌→贴签→装箱→入库

（三）操作要点

1. 选料　选用合格的野猪肉，除去肉块上黏附的杂质、沙土及瘀血，修除疏松结缔组织、粗筋腱、残骨、淋巴结及杂质异物等。

2. 切片及绞肉　将 20 千克未完全解冻野猪瘦肉切成长 4～8 厘米、宽 3 厘米、厚 1 厘米的肉片，其余肉料投入 12 毫米孔径的绞肉机孔板中绞制两次。

3. 腌制、滚揉　将（1）辅料混合均匀，加入 10 千克冰水（7 千克冰与 3 千克水的混合物）与绞制好的肉料混合均匀，再转入滚揉机，进行腌制、滚揉。

（1）腌制　温度 4～8℃，时间为 1～1.5 小时，其间每隔 30 分钟翻滚 1 次。

（2）滚揉　温度 4～8℃，时间为 8～9 小时（真空滚揉 20 分钟，停 10 分钟）。

4. 搅拌　将剩下辅料及片冰 4 千克、水 4 千克入斩拌机斩成浆状，斩拌均匀。猪肥膘切成 5 毫米×5 毫米×5 毫米的肥丁，用 45℃水清洗 1 遍。将肉料入搅拌机，与辅料、肥丁一起搅拌均匀。

5. 灌制

（1）采用猪小肚衣，肚衣处理方法为用 40℃的水（加入 4％的食盐，4％的淀粉，0.2％的食用碱）浸泡 30 分钟，再用手搓洗，除去膻味和黑点杂质，然后用自来水清洗 3～5 遍，清洗干净，彻底除去碱味，最后将肚衣外翻。

（2）真空灌制，每个香肚定量 350 克左右（以控制成品重量 250 克/个为宜）。

6. 扎口　将灌制好的香肚端口排气后用针和棉线将肠口绕缝封口。为了使产品形状呈圆形，缝口时要将灌装好的肠坯挤成圆形再缝口。肚衣多出部分要绕卷均匀，绕缝长度以使产品成圆形为准，使产品缝口美观。有大气泡的香肚要扎针排气。缝口完毕后，棉线扎结要扎紧，保留棉线长度要适宜，便于打结和上杠。

7. 干燥、发酵、蒸煮、烟熏　将产品推入烟熏炉进行干燥，干燥方法为60℃下干燥45分钟。干燥完毕后立即转入烘房进行慢干、发酵，于55℃下发酵16小时。发酵完毕后进行蒸煮，28℃下蒸煮30分钟（或保持中心温度72℃蒸煮5分钟）。烟熏方法为65℃下烟熏，40分钟（以使产品皮面棕黄亮丽为宜）。干燥方法为65℃下干燥15分钟。

8. 冷却、包装　烟熏、干燥结束后及时出炉自然冷却，排尽气，然后及时入包装预冷间于0～10℃冷却4小时以上，冷却至中心温度达12℃以下。用连续包装机真空包装，包装规格为每只猪肚标准净含量为250克，应控制在245～260克/袋/个。

9. 杀菌及冷却　采用水煮式杀菌，用自动控温蒸煮锅，将产品整齐排列于杀菌篮中，且装放量不能超过杀菌篮容量的2/3，再放入水中蒸煮。杀菌程序：加热至90℃，维持10分钟，降温至25℃以下。杀菌结束后排出热水，用清水快速冷却至25℃以下，注意冷却时间不超过30分钟为宜。捞出沥干，立即入包装间于0～10℃下充分冷却，至中心温度在12℃以下。

(四) 产品质量标准

凤凰香肚的质量标准见表2-17。

表2-17　凤凰香肚的质量标准

项目	标准指标	内控指标
净含量	250 克/袋	245～260 克/袋
水分	70%	50%
亚硝酸钠	≤30 毫克/千克	≤20 毫克/千克
食盐	≤4%	2.0%～3.5%
磷酸盐	≤8 毫克/千克	≤6 毫克/千克
细菌总数	≤10 000cfu/克	≤5 000cfu/克
大肠菌群	≤30cfu/克	≤30cfu/克
保质期	0～6 天	30 天
感官	色泽黄亮，香味浓郁自然，肉质软而不烂，咸淡适中，无异味	

四、野猪火腿的加工

火腿是我国的传统产品，一般采用猪的前、后腿为原料，经过腌制、洗晒、晾挂发酵而制成。因这种产品颜色鲜艳如火，故取名火腿。火腿的加工制作虽因产地不同而异，但加工过程基本相同。

（一）工艺流程

野猪腿→选料和整修→腌制→洗晒→发酵→落架堆叠→成品

（二）操作要点

1. 选料和整修　选用皮薄脚细、腿部丰满、瘦多肥少、肌肉鲜红、皮肤白润、无伤残和病灶的野猪腿（后腿最佳），重 5～7.5 千克较为适宜。将野猪腿的残毛、污血刮去，去掉蹄壳，削平耻骨，除去尾椎，修割成竹叶状，在耻骨中间将皮面划成半月形，除去油腻，清出血管中污血，使腿面平整。

2. 腌制　腌制的适宜温度为 8℃ 左右，腌制时间 35 天左右。以 50 千克鲜野猪腿为例，用盐量 5～6.5 千克，一般分 6～7 次上盐。第一次上盐叫上小盐，在肉面上撒上一层薄盐，用盐量 650 克左右，上盐后将火腿成直角堆叠12～14 层。第二次上盐叫上大盐，在第一次上盐后的第 2 天进行，先翻腿，用手挤出瘀血，再上盐，用盐量 2 千克左右，在肌肉最厚的部位加重敷盐，上盐后将腿整齐堆放。第三次上盐是在第一次上盐后的第 7 天进行，按腿的大小和肉质软硬程度决定用盐量，一般为 650 克左右，重点是肌肉较厚和骨质部位。第四次上盐是在第一次上盐后的第 13 天进行，通过翻倒调温，检查盐的溶化程度，如大部分已经溶化可以补盐，用量为 650 克。在第 25 天和第 27 天分别上盐，主要是对大型火腿及肌肉尚未腌透仍较松软的部位适当补盐，用量约为 250 克。在腌制过程中，要注意撒盐均匀，堆放时皮面朝下、肉面朝上，最上一层皮面朝下。大约经过 1 个多月的时间，当腿肉表面呈白色结晶的盐霜，肌肉硬实，则说明已经腌好。每次加盐时应抹去陈盐后再撒下新盐，腿皮不可用盐。

3. 洗腿和晒腿　将腌好的火腿放在清水中浸泡，腿肉内面向下，腿皮不露水面，水温 10℃ 左右，全部浸没约 10 小时左右。浸泡后进行刷洗，达到皮面浸软、肉面浸透时，用竹刷将脚爪、皮面、肉面等部位顺纹轻轻刷洗干净，再放入清水中浸泡 3 小时。然后，用刷子刷洗油腻污物，洗后挂在太阳下晒。

将洗净的火腿每两只用绳扣在一起，吊挂在晒架上。在日光下晾晒至皮面黄亮、肉面铺油，一般冬天晒 5～6 天，春天晒 4～5 天。在日晒过程中，腿面基本干燥变硬时，加盖厂印、商标，并随之进行整形。把火腿放在绞形凳上，绞直脚骨、锤平关节、捏拢小蹄、绞弯脚爪、捧拢腿心，做弯脚爪成 45°，使之呈丰满状。

4. 发酵 经阳光晒过的腿移入室内进行晾挂发酵，使水分进一步蒸发，并使肌肉中蛋白质发酵分解，增进产品的色、香、味。晾挂时，火腿要挂放整齐，腿间留有空隙。通过晾挂，腿肉干缩，腿骨外露，所以还要进行一次整形，使其成为完美的竹叶形。要求腿离地面 2 米，气候潮湿时挂在通风处，气候干燥挂在阴凉处，使肉面上渐渐发出绿、白、黑、黄色霉菌。经过 2～3 个月的晾挂发酵，皮面呈枯黄色，肉面油润，常见肌肉表面逐渐生成绿色霉菌，称为"油花"，属于正常现象，表明干燥适度。

5. 落架堆叠 经过发酵修整的火腿，根据干燥程度分批落架。按照大小分别堆叠在木床上，肉面向上、皮面向下，每隔 5～7 天翻堆 1 次，使之渗油均匀。经过半个月左右的后熟过程，即为成品。

（三）产品特点

野猪火腿的皮色光亮，肉面紫红，腿心饱满，形似竹叶。肌肉细密，咸淡适口，香气浓郁。

（四）存在的问题与改进的措施

以上介绍的是传统的野猪火腿加工技术，但其在加工制作过程中存在一些问题，加工时间、加工地区都有严格的限制，而且不适合大型工业化生产，需要改变这种状况。

1. 存在的问题

（1）加工地区和时间受限制 由于野猪火腿的制作过程需要有较高的湿度环境和特殊的微生物，这样就使其仅限于在某些地区生产。同时，为了保证火腿在腌制期不至于腐败，加工时间只能在冬季或早春气温较低的时候进行。

（2）生产成本增加 含水量的高低不仅可以决定口感的好坏，而且可以决定成品的出品率。野猪火腿的含水量偏低，使生产成本提高，而且口感受到一定的影响。含水量低是为了提高它在室温下的保存期，完全制冷可延长保存期。

（3）难以实现工业化 传统的火腿加工工艺加工时间大约为 10 个月，而且整个过程有繁杂的腌制、漂洗、整形等加工工序，需要大量劳动力，所以不适合大型工业化生产。

（4）安全隐患 火腿在自然发酵过程中，一方面由于蛋白质、脂肪酵解或酶解产生一定量氨基酸、有机酸及其氧化分解的衍生物如醇、醛、酯等，构成发酵肉制品的独特风味，另一方面也会产生一些有害物质如胺等，影响产品的安全质量。

2. 改进的措施

（1）缩短生产周期。

（2）低温成熟，真空包装 传统的火腿在加工过程中直接暴露在空气中，脂肪氧化以及表面长霉使火腿的食用对人体产生不利影响。避免氧化的最佳方法是采用真空包装，并放入抗氧化剂，这样可抑制霉菌的生长。

（3）去骨，盐水注射代替干腌 随着人民生活水平的提高，人们对食品的方便性要求越来越高，所以剔去骨头是肉制品加工的趋势，而且去了骨之后更方便盐水的注射，达到快速腌制的效果。

五、其他野猪制品的加工

（一）野猪香肠的加工

1. 配方 50千克野猪肉（精肉35千克，白膘15千克），精盐1.5千克，糖1.25千克，50度曲酒0.5千克，豆油1千克，亚硝酸盐7克。

2. 工艺流程

原料肉修整、预处理→配料、腌制→肠衣准备、灌肠→烘烤→成品

3. 操作要点

（1）肠衣准备 将小肠先用白酒揉搓，洗净臭气，再用白矾水浸泡1小时，用刮刀（竹片）刮去黏膜、浆膜和肌肉层，仅留黏膜下层。

（2）腌制 将野猪精肉顺肉纹切下，剔净碎骨、筋腱、瘀血块，切成1.2厘米见方的小块，肥肉切成0.6厘米见方的小块。加入配料，并加盐水2.5千克，充分搅拌发黏，腌制2～4小时。

（3）灌肠 将肠衣一头打结，另一头套在广口漏斗上，将肉馅用漏斗灌入肠衣，边灌边将馅挤入肠衣一端，不要过松或过胀。灌满后用手挤压排气（不可用针打眼排气）。灌好后用麻绳每隔12厘米打1节，16节为1挂。

（4）烘烤 用50℃温水洗去肠衣表面的油腻，然后挂在竹竿上晾干。晾的过程中要进行整理，使其粗细均匀，3天后进行烘烤。烤房在头几个小时温度不要超过25℃，以免外干里湿，12小时后上下调换，使其受热均匀。然后，在30℃温度下烘烤12小时，移出置于通风处自然冷却即成。湿肠也

可放在强阳光下晒 2～3 天，再放到通风场所挂起风干，经 20～30 天肉色老红时即成。

（二）野猪腊肉的制法

腊肉适合家庭制作，规模可大可小，既可为商品（出售给各大酒店、宾馆），又可自制自用。野猪腊肉甘香、美观，是人们喜爱的食品。

1. 配方　野猪肋条 50 千克，白糖 19 千克，曲酒 0.75 千克，酱油 3.1 千克，食盐 1 千克，亚硝酸盐 7 克，猪油 0.75 千克。

2. 工艺流程

原料肉→整理→配料、腌制→烘制→成品

3. 操作要点

（1）原料肉整理　将野猪肋条坯剔除肋骨，精肉修割整齐，切成重 275 克、长 40 厘米的薄条，端头切一小洞，系上麻绳供吊挂时用。

（2）腌制　整理完后用清水进行漂洗，洗去表面的油腻。将备好的白糖、曲酒、酱油、盐、亚硝酸盐、猪油等原料兑成卤汁，放入缸内，将肋条坯放入卤汁中进行腌制。

（3）烘制　肉腌制 8 小时后，即可捞出挂在竹竿上，控干卤汁，运到烘房进行烘制。烘房内设置木架，将挂有腌制好的肋条坯的竹竿依次搭在木架上，木架下放有火盆。进入烘房后的腌肉要立即进行烘烤，烘制 3 小时后，根据潮条（肋条坯）距离火盆的远近调换竹竿的位置，使肋条受热均匀。1 天后再进行倒竿，3 天后烘制完成。如天气晴好，可在太阳下暴晒代替烘烤，至水分散尽有油浸出，如果中途遇阴雨天，要及时用青炭烘烤。

腊肉要悬挂在通风干燥的库内贮藏。阴雨天气容易使腊肉回潮，如果回潮应及时通风晾晒，否则会严重影响腊肉质量。

（三）酱野猪肉的制法

1. 配方　猪腿肉 2 千克，大葱 5 克，姜 5 克，大蒜（白皮）5 克，花椒 5 克，八角 3 克，桂皮 3 克，丁香 3 克。

2. 操作要点

（1）将野猪肉切成 250 克重的块，放入凉水内浸泡 5 小时捞出，再用开水煮 10 分钟捞出，洗净。

（2）锅内加入汤 2 千克（煮鸡、鸭肉的老汤），下入野猪肉块，用旺火烧开，加入精盐、酱油、白糖、肉料袋（大葱、姜、大蒜、花椒、八角、桂皮、丁香)。

（3）用慢火煮3小时左右，加入糖色，再煮片刻捞出肉，沥净酱汤，摆在平盘上稍晾，趁热在肉面抹上香油即成。

3. 产品特点　味咸香，质酥烂，金红色。

第三章

毛皮动物产品加工 >>>>>

第一节 獭狸肉产品加工技术

一、獭狸现代屠宰、剔骨与冷藏工艺

獭狸又称海狸鼠、狸獭、海龙、沼狸、河狸鼠等，原产于巴西、巴拉圭、乌拉圭、智利、阿根廷等南美洲国家，分布甚广。我国自 1956 年开始从苏联引种试养，到目前为止分布已达 15 个省市以上。

（一）形态特征与营养价值

獭狸是体型较大的啮齿动物，成年雌獭狸体重为 5～7 千克，体长为 50～60 厘米。獭狸皮上的针毛是制作画笔的高档原料，绒毛皮可与水獭皮相媲美，为高档毛皮。

獭狸肉质细嫩、味道鲜美、营养丰富，为野味佳肴中的珍品。獭狸肉含 20%～21% 的粗蛋白，4%～10% 的脂肪，100 克肉的总热量为 912 千焦，比鸡肉、牛肉、兔肉均高。且由于肉中所含的肌酸、肌肽、腺苷酸和嘌呤碱基等非蛋白氮达 3.5%～5.0%（一般家畜肉含 1%～2.5%），使肉具有独特的香气，滋味鲜美。

（二）獭狸的现代屠宰初加工工艺

1. 击晕 一般宰杀前要进行击晕，使獭狸暂时失去知觉，便于放血完全，减轻体力劳动，保持环境清洁，避免噪音。击晕方法有槌击法、颈部移位法、灌醋法、注射空气法、电击晕法等。

2. 宰杀放血 獭狸屠宰放血的方法很多，现代化多采用机械化流水线作业（空中吊轨移动胴体）来进行獭狸的屠宰与初步加工。机械化流水线作业仅适用于屠宰量较大的现代化加工厂，小型獭狸肉食加工厂采用半机械化或手工操作为宜。按刺杀放血部位不同可分为：口腔刺杀放血法、血管刺杀放血法、心脏刺杀放血法、切断三管刺杀放血法等。

（1）口腔刺杀放血法　将击晕獭狸的后腿吊起，用小刀捅开鼻腔，使獭狸流血致死。目前采用此法者较多，优点在于能保证其毛皮的完整性，缺点在于放血不完全。

（2）血管刺杀放血法　用锐利小刀，刀刃向内，在下颌骨后缘与第1颈椎之间戳穿毛皮，顺势切破肌肉，割断右侧的颈动脉，放血致死。

（3）心脏刺杀放血法　用锐利小尖刀从颈下直接插入胸腔，刺破心脏和割断血管，放血致死。其优点是放血快、死亡快。

（4）切断三管放血法　即从颈下喉部切断血管、食管和气管。此法的优点是操作简便，缺点是血液易被胃内容物所污染，颈部皮被割破，影响毛皮的完整性。

总之，无论采用何种击晕、刺杀放血方法，要以能够保证最大限度放血完全为原则，放血完全与否，直接影响肉与肉制品的品质和保藏性能。

3. 剥皮　獭狸经宰杀放血处理后，应该在尸体尚未僵冷时及时剥皮。剥皮是一项细致的技术工作，是从獭狸身上获得完整皮张的最重要环节。獭狸剥皮方法有机械化、半机械化和手工剥皮几种，目前小型獭狸肉食加工厂多采用手工剥皮法，其操作方法如下。

（1）斩前脚　先用粗绳或带钩链将刺杀放血后的獭狸尸体的右后腿扎紧，吊于剥皮架上（如用倒挂刺杀放血，该步可省略），在腕关节处斩断獭狸两前脚，不得留碎骨和残毛。亦可将两前肢腕关节处送入铡脚机口，随着圆盘转动，铡断前脚。

（2）挑裆　又称挑腿，方法有二。其一，先将獭狸尸体两后肢固定，用利刀将膝关节处皮肤环状切开，再从尾根处将尾部皮肤环状切开，然后从一侧膝关节处挑开皮肤，最后把肛门周围连接的皮肤挑开，剪掉跗关节以下的前肢。其二，左手拉住獭狸右后腿，背朝外，把左右两后腿拉成一字形，大拇指推开腿毛露出腿皮，右手持刀，刀刃朝上，对准跗关节内侧戳入腿，然后挑起，逐步将刀自两腿内侧阴部上缘推向右后腿跗关节处。该步骤要特别注意刀不离皮，刃不进肉，以保证皮肉完好无损。

（3）剥离后裆　又为剥后腿、割尾巴。挑裆后将拇指和食指插进后肢的皮和肉之间，用手指撕剥两后肢和后裆的毛皮。母獭狸应将阴道剪断或撕断，公獭狸将包皮口从皮内侧剪断。也可以左手拉住右后腿跗关节处毛皮，右手持刀沿右腿跗关节处割至皮肤，左手顺势拉下右腿皮肤至尾部，然后左手抓住尾巴，右手持刀在臀部切断第1尾椎骨，左手顺势将皮拉至背部，然后左手拉住腹部软裆处獭狸皮，右手落刀割开软裆部位的黏膜，再将獭狸皮拉至左腿跗关节处，并在跗关节处割断其左腿，连于皮上。

（4）筒状剥离　又称退套，后裆剥离之后，双手抓紧后裆部皮张，用力向下撕拽翻剥躯干部皮张，一直翻剥至颈部为止。也可在獭狸皮剥完后肢、断尾后，采用退套的方法将獭狸皮剥下，即用双手抓住翻转过来的后腿毛皮用力向下拉，拉至耳根处时，用力沿耳根处切割两耳并剥离头部毛皮。此法所退毛皮，皮板朝外成圆筒形，所剥下的皮应立即送毛皮加工车间整理鞣制或保鲜处理，销售给毛皮加工厂。

（5）剥割头部　抓住皮筒，一边向下用力撕拽，一边用力剥割头部的皮板和肌肉的连接处，剥割至耳根处，将耳根切断，再向下剥割至眼睛时将眼睑割断，接着再将口唇和鼻剥离割下，将耳、鼻、口唇完整地留在皮上，眼孔不要割大。

（6）揩毛　为了保持胴体的清洁卫生，右手挡住胴体背部（背朝外），左手拿消毒毛巾，从右后腿跗关节处开始向下抹到臀部，再从臀部向上抹至左后腿跗关节处，以抹掉沾在后腿和夹裆处的残毛。每条毛巾只能揩抹 1 只獭狸胴体。

4. 开膛取内脏

（1）开膛　左手抓住左后腿，背朝外，右手持刀，对准盆骨落刀，切开盆骨，然后沿腹正中线至胸腔上端剖开腹部。如开膛时不小心，破坏了肠胃，污染了胴体，应将该胴尸剔出冲洗擦净。所使用刀具亦应清洗消毒，方可继续进行操作。

（2）除内脏　开膛后，右手向上抓住直肠和盲肠，从骨盆腔内摘下膀胱、直肠、盲肠，然后向下拉出大小肠和胃。在摘除大小肠、胃时，左手指应按住腹壁及肾脏，以防脂肪与肾脏连同大小肠、胃一并扯出。摘除的大小肠、胃应运往副产品车间整理。摘除大小肠、胃后，左手托住獭狸背并用拇指和食指抠住肾脏下部位置，用右手食指划破横膈膜，左手移往颈部拉捏住，右手伸入胸腔至颈部处，抓住气管和食管向上拉扯，此时连同心、肝、肺一起摘除，并送往副产品车间处理。

（3）冲洗擦污　内脏摘除干净后应用饮用水高压龙头冲洗胴体，以除去体表、体腔内的残留杂物和残毛，也可采用刷洗颈部、擦头颈血、擦拭胴体的方法除去血污和杂物。

5. 胴体修整　獭狸胴体的修整工序应在操作台上进行。现代化的獭狸肉加工厂采用流水作业，在传动链的钢钩上进行。獭狸胴体修整工序主要包括以下几道工序。

（1）修割　修除残留内脏、生殖器、耻骨附近（肛门周围）的腺体和结缔组织；修除血脖肉、胸腺、胸腹腔内的大血管；修除体表各部位的结缔组织（可拉起的筋膜）；挤出后腿侧肌肉中的大血管内的残留血液。

（2）修脂肪　对于鲜销的胴体，由于脂肪容易氧化变质而影响美观，同时獭狸脂肪中可能农药残留量较高。因此，所有带骨獭狸胴体与去骨獭狸肉都应去掉脂肪。凡是胴体表层、胸腹腔、肌膜以及腹腔两侧背最长肌间等的脂肪均应除去。但用于产品深加工的胴体上脂肪质量较好时，则应保留用于产品加工。

（3）修外伤　凡獭狸胴体背部、臀部及腿部外侧所出现的外伤均应修除，但修割面不得超过两处，每处面积不得超过 1 厘米^2，其他部位外伤的修割面可适当放宽，但不得影响胴体美观。

（三）宰后检验与分级

1. 宰后检验　宰后检验包括脏器、胴体检验和肉尸检验。獭狸肉尸检验是整个检验的最后一个环节，也是确保獭狸肉品质重要的环节。

2. 分级　分级的基本原则是肉尸在外观上呈暗红色或放血不全、露骨、脊骨突起（过瘦）、背部发白、肉质过老、严重骨折、曲弓背、畸形等情况。修割面积超过规定者，不应作为带骨獭狸肉，去骨獭狸肉不得带碎骨和软骨。建议分级标准为：特级每只胴体净重 4 001 克以上；一级每只胴体净重3 001～4 000 克以上；二级每只胴体净重 2 001～3 000 克以上；三级每只胴体净重 1 001～2 000 克以上；等外级每只胴体净重 1 000 克以下。去骨獭狸肉每包净重 5 千克，4 包装 1 箱，每箱净重 20 千克；带骨獭狸肉每箱净重 20 千克；盘装分割獭狸肉每盘 2 千克，至少两只前腿，两只后腿，1 块背肉，每箱20 盘。

（四）胴体的剔骨

獭狸胴体的剔骨是一项复杂的技术工作。獭狸胴体剔骨前，应先过磅，以便计算胴体出肉率，一般出肉率为 45%～50%。

剔骨时先摘除肾脏。剔前肢时，应先将肋骨上的肌肉划开，再剔肩胛骨、前臂骨及肱骨；剔后肢时，先剔下骨盆骨，再剔股骨、胫骨、腓骨，然后自后向前将脊椎骨剔下。操作中无论是剔下的平面骨还是圆滑骨（如肩胛骨、前臂骨、肱骨、骨盆骨、股骨、胫腓骨）都必须少带肌肉。脊椎骨上，小突骨的凹部肌肉，应用刀尖剔除，并要剔除里脊肉和颈椎上部的肌肉。剔骨后，除颈椎下部略带原肉外，脊椎骨及肋骨上应尽量不带肌肉。獭狸肉剔下后，应做到肉上不带骨及骨屑。每只剔骨后的无骨獭狸肉应连成1块，少量碎肉应单独处理加工。剔骨是一项复杂细致的工艺，各地、各人的工艺程序不尽相同，但总的原则是下刀要轻、快、准，不留小骨架、骨渣、碎骨（特别是脊椎上的碎骨）、软骨及伤斑。

（五）獭狸肉的冷加工

经过宰前检疫、宰后检验均符合规格质量要求的獭狸胴体或獭狸肉，采用冷冻法（即冷却、速冻、冻藏）才能长久保存、色泽不变、品质良好。獭狸肉低温保存，不但可以阻止微生物的生长、繁殖，且能促进物理、化学的变化而改善肉的品质。但在冷却、速冻、冻藏过程中，獭狸肉不能与有特殊腥味的食品（如鱼、牛、羊肉等）混放在一起，更不能与腐败变质的肉品混堆在一起，否则会引起腐败和产生异味。

1. 冷却　獭狸肉分级后，应放入冷却间冷却。冷却间的温度保持在0℃左右，最高不得超过2℃，最低也不得低于−1℃。相对湿度为85%左右，经过2~4小时冷却后进行包装入箱。无冷却设备的厂家应配备适量的风扇、排风扇，夏天必须使肉温不高于20℃，最好在恒温车间进行包装入箱，使獭狸的肉温降下来，直至肉中的水分和肉汁全部快速冻结。

2. 速冻　速冻间温度应在−25℃以下，相对湿度为90%。速冻时间不超过72小时，当肉温达−15℃即可转入冻藏。如速冻数量大，应采用开箱结冻法，使速冻时间压缩到36小时，既节约了电，又提高了质量，是一个有效的措施。可采用的方法是把箱面上四块纸板箱片向外折，用橡皮筋紧箍，箱底钉牢，不打包，送入管架速冻，待速冻后再行打包。

3. 冻藏　速冻后的獭狸肉，为保持肉温不上升，需冻藏储存后待运。冻藏间温度应经常保持在−19~−17.5℃，相对湿度为90%，保持獭狸肉温在−15℃以下。温度忽高忽低，易造成肉质干枯和脂肪发黄而影响质量。

二、无烟熏、轻度发酵鲜化腌腊制品

（一）无烟熏、轻度发酵鲜化獭狸腌腊制品加工

腊肉制品在国内享有盛誉，并畅销日本、美国及东南亚等国家和地区。吸取传统腌腊肉制品的优点，采用无烟熏新工艺、轻度生物发酵鲜化等科技手段，开发研制出了营养卫生、风味独特、质量极佳的保健型獭狸腌腊肉制品系

列精品。

1. 选料与成形

（1）獭狸腊肉、腊瘦肉条坯料 经屠宰、剔骨工艺处理后的獭狸肉，沿脊背肉正中将拆骨胴体分开为两部分，根据獭狸肉上所带脂肪状况、拆骨胴体完整状况、瘦肉的多少等，分别分割成不同的产品坯料。对带脂肪较多的獭狸肉拆骨胴体或胴体中某些部位，切割下来，再分割成宽 4 厘米左右，长 20～25 厘米的獭狸腊肉坯料，对带脂少或无脂的獭狸拆骨胴体肉，分切成宽 4～4.5 厘米，长 20～25 厘米左右的獭狸瘦肉条坯料。切割成坯料时，可以修去不要的筋膜、血块肉、碎骨等无用的组织，同时要求切割时刀工整齐，坯料大小基本一致。

（2）獭狸腊排骨、中式腊火腿坯料 未拆骨的胴体，沿脊椎骨正中将胴体分为两边，对每半边胴体，分别在髋关节和肩关节处分割掉后腿部和前腿部，以作为獭狸中式腊火腿的坯料。分割掉前后腿的胴体，无肋骨的部分可切下来作为獭狸腊肉或瘦肉条的坯料，带肋骨的部分切成宽 4 厘米左右（两根肋骨），长 20～25 厘米的獭狸腊排骨坯料，要求切块整齐，坯料大小尽量一致。为了便于真空包装，腊排骨的所有骨骼切面不得锐利刺袋，锐利者要仔细检查后修钝。同时，中式獭狸腊火腿坯料除髋关节、肩关节处未伤骨头无锐利骨面外，在分割前、后肢时，也必须从肘关节、膝关节连接骨缝处下刀，不得伤及骨头造成锐利骨面。切割坯料时，要修去不要的组织和小块肉，以免影响产品形状。修割下来的小肉块，可以用于制作香肠、肉脯等产品。

2. 温漂 将肉坯（条）用 40℃ 左右的温热水漂洗干净（10～15 分钟），除去肉坯表面的污物、油污和浮油。经 30 分钟左右（视季节而定）沥干水分。浸漂水温因品种、风味和制作方法各有不同，沥干水分最好采用吊挂方式控干水分。

3. 腌制

（1）配方 腌腊肉制品的配方千差万别，不同的生产企业各有自己的特有配方。根据总结湖南传统腌制品的配方，同时吸取许多生产企业的配方优点，研究出了一种獭狸肉腌腊制品的新配方，其配料的种类和用量有别于其他肉制品。

浸泡高度料酒的配方为高度白酒 100 千克，肉桂 40 克，八角 12 克，小茴香 20 克，豆蔻 24 克，香叶 10 克。分别依次称量精盐、白糖、亚硝酸钠、硝酸钠于盆内，用手捻碎块状物，充分拌匀，再称量料酒、含菌调味鲜化料等

10 余种配料于盆内，充分搅拌均匀。

（2）腌制方法 采用干腌法。先将白糖、精盐、亚硝酸钠、硝酸钠、酒倒入容器内，混合均匀。然后直接用手把配料均匀一致地涂抹在肉坯上。要求各部位都抹到，不得遗漏，各肉坯和各部位都要求均匀一致，抹擦好后将肉坯放在缸内或池内。放肉坯条时脂面朝下、肉面朝上，一层层均匀叠放。最上一层肉面朝下、脂面朝上，整齐摆放在腌制缸或池内，装完为止。最后，将剩下未擦完的配料全部均匀地撒在肉面上。

（3）腌制条件 腌制条件主要是指温度和时间，结合腌制期的第一步鲜化处理，两者的关系为：0～4℃下，腌制时间为 4～5 天（最好 5 天）；4～8℃下，腌制时间为 3～4 天（最好 4 天）。

（4）翻缸 腌制期间要求每 24 小时翻缸 1 次，使上下层肉坯调换位置，以利肉坯腌制均匀。为了方便起见，可在整个腌制期中翻缸 1～2 次。

（5）出缸 达到一定的腌制时间后，此时盐、调味料等已渗入到肉层中，基本腌透，即可起缸。

4. 穿绳沥水 腌好起缸的肉条，穿上麻绳、胶绳或铁丝等，挂于串杆上，成排摆齐在挂架上，沥干水分，时间为 15～30 分钟。

5. 烘制 烘制是决定产品质量的一个关键工序。本产品具有同传统产品和其他任何企业生产的产品完全不同的烘制方式，因为该步工艺对产品的色泽、风味、鲜化效果、出品率等诸多重要指标有着极其显著的影响，必须严格控制。否则，产品的质量将达不到要求。

（1）烘制时间 72～120 小时左右。

（2）烘制温度 早期 60℃左右，中、后期 50～55℃。

（3）烘制方式 采用特殊的间隙式烘制方式，主要控制好温度、加热时间、鲜化时间（即冷却）三者的关系。

具体烘制方法参见表 3-1。

表 3-1 无烟熏獭狸腌腊制品烘制方法（50～60℃）

天数	第一天		第二天		第三天		第四天	
加热/冷却	加热	冷却	加热	冷却	加热	冷却	加热	冷却
温度（℃）	60	常温	58	常温	55	常温	50	常温
时间（小时）	A	B	C	D	E	F	G	H

注：A、B、C、D、E、F、G、H 为时间，要根据各地的气温条件具体摸索。

（4）热源 烘烤期间的热源最好是炭火、电力（电力烘炉、远红外烘炉）

和蒸汽烘房（烘柜）。要求能方便地升温和降温，同时要保证环境的干净、清洁，又要不污染产品，不影响产品的质量和美观。

（5）注意事项　若烘房木架分上、下两层或上、中、下三层，要适当进行上、下位置肉条的调换，以利肉坯在干燥的过程中上、下产品干燥均匀、干度一致。

6. 烟熏新工艺　传统腊制品都采用烟熏的方法，其目的是使产品具有良好的烟熏芳香气味，使产品外观色泽金黄、美观漂亮，同时烟中的醛类、酚类、酸类等物质还具有防腐杀菌抗氧化作用。传统的烟熏方法虽然具有以上优点，但在烟熏时木料不完全燃烧，产生大量的烟雾，烟雾中带有大量的有毒物质，尤其是烟熏肉制品中含有很高的 3, 4 - 苯并芘。目前 3, 4 - 苯并芘已公认是造成人体细胞致癌的直接物质，是肉制品中不应含有的有毒物质。另外，烟熏制品造成生产车间的环境污染，影响车间工人的身体健康。本产品生产方法中，采用着烟新工艺，不采用直接烟熏，使产品具有特殊的烟熏芳香滋味和气味，也能使产品外观色泽金黄，而且均匀一致，无直接烟熏的阴阳面，极其美观漂亮。

将在第 3～4 天（视季节气温而定）烘制 2 小时后的腌腊制品从烘房取出，放入已处理好的烟熏液内，浸渍约 120～300 秒钟。在浸渍过程中，尽量多次翻动或搅动，以使烟熏液浸透均匀。浸渍符合要求后，从烟液内取出，穿挂于吊杆上，沥干水分大约 10～15 分钟，再挂入烘房内烘制 3～4 小时即符合要求，可以从烘房内取出，在无菌室晾冷后包装。

7. 质量检测　带脂腊制品色泽呈金黄色（或）橘黄色，肉条整齐，不带碎骨，味香浓醇鲜美，风味独特，腊肉出品率随肥瘦肉比例不同而有差异，一般要求在 50％～60％，争取在 60％。腊素肉条出品率在 50％左右，争取出品率在 55％左右，腊排骨出品率争取在 55％～60％。

产品标准可参照腌腊肉制品卫生标准（GB2730—2005）。未建立标准的其他腊味产品，可参照其他同类国家标准执行。感官指标见表 3 - 2。

表 3 - 2　无烟熏獭狸腊制品感官指标

项目	优质	次质	变质（不得食用）
色泽	色泽鲜明，肌肉呈鲜红色或暗红色，脂肪透明或呈蜡黄色	色泽稍淡，肌肉呈暗红色或咖啡色，脂肪呈乳白色，表面可以有霉点，但抹后仍有痕迹	肌肉灰暗无色，脂肪显黄色，表面有霉点，抹后仍有痕迹

（续）

项目	优质	次质	变质（不得食用）
组织状态	肉质干爽，结实有弹性，指压无明显凹痕	肉身稍软，尚有弹性，指压凹痕尚易恢复	肉身松软，无弹性，指压凹痕不易恢复，带黏液
气味	具有广式腊肉固有的风味	风味稍减，脂肪有轻度酸败味	脂肪有明显酸败味或其他异味

理化指标见表3-3。

表3-3　无烟熏獭狸腊制品参考理化指标

项　　目	指　　标
水分（%）	≤20
食盐（%，以氯化钠计）	≤10
酸价（毫克/克脂肪，以氢氧化钾计）	≤4
亚硝酸盐（毫克/千克，以亚硝酸钠计）	≤20

8. 产品包装　高档腊味产品，现多采用真空抽气包装。包装材料要求选用不透水汽、不透氧、耐油、密封度高的塑料或复合薄膜袋。包装的形状最宜是长方形或条形，条形为最好，保持腊味的原有形状。塑料袋包装前应将出炉的腊肉制品挂在通风、无菌处冷晾，散尽热气后再包装。为了减少产品包装出油，除最后一次烘烤温度不宜太高外（50℃为宜），包装前要低温（10～20℃）4～8 小时冷却，同时包装时真空度不宜太高。要特别注意獭狸腊排骨的包装，包装前必须仔细检查和修剪锐骨尖，以防止刺破包装袋。包装腊瘦肉条和中式腊火腿的真空包装袋最宜 0.09 毫米左右，包装腊排骨的真空包装袋可能要求在 0.12 毫米左右，甚至更厚。

（二）天然烟熏剂的处理与调制

腌腊肉制品是我国人民消费量最大、历史最为悠久、加工最为普遍的一类肉制品。所有的腌腊制品经过腌制以后，都采用烟熏的方法进行熏制。一般是使用锯木屑、糠壳等进行不完全燃烧，产生大量的烟雾，使产品着色着味。烟熏的方法具有几个明显的缺点：一是工艺比较复杂，工作量较大；二是木料纤维不完全燃烧时产生大量的有毒物质，尤其是肉制品中 3，4-苯并芘的含量很高，三是直接烟熏使生产车间的烟雾缭绕，造成环境的污染，影响车间操作工人的身体健康。采用无烟熏工艺新技术，在肉制品表面，赋予产品极诱人的烟熏色泽和非常柔和的烟熏香味，肉制品的风味和颜色更均匀，没有阴阳面，保持了传统产品的优点和特色，又除去了有害物质在肉制品中的残留，控制环境污染，提高产品的质量。

1. 烟熏剂来源 采用的烟熏剂是通过控制混合硬木（例如山楂等）干馏得到的天然烟熏风味水溶液，并经进一步精制使之更接近传统熏烟的风味。该产品国内国外均有生产，国产有华南理工学院等，但国产产品质量不稳定。国外产品以美国红箭牌产品为最好（美国红箭国际公司生产），品种较多，每千克产品价格相差较大，是透明的棕色液体，具有柔和的硬木烟熏风味。本研究使用 smokEz plyC‐10 和 smokEz ENVIRO24P 两种。

2. 产品特性 以使用 smokEz ENVIRO24P 为例，其参数为：

pH	2.5～3.5
总酸度（以醋酸计）	7.0%～9.0%
烟熏风味化合物	17～22 毫克/毫升
羰基化合物	18%～23%
相对密度	1.17 千克/升

3. 使用方法

烟熏剂使用步骤为干燥→喷淋或浸泡→干燥。使用烟熏剂既可以采用喷雾的方法（喷淋），也可以采用浸泡的方法。根据多次试验结果表明，以浸泡的方法较好，节省烟熏剂，不需要采用喷淋机械，只要浸泡池或缸即可。浸泡时间以 1～2 分钟较好。

4. 比例与用量 美国红箭牌烟熏剂的使用比例为 1∶2～3。各生产企业根据对色泽的喜爱不同，浸泡的时间长短和配制的浓度高低有所不同，即将 1 份烟熏剂加适当水配制稀释溶液后再使用。配制的稀溶液要隔天使用。在配制过程中要不断搅拌，使产品充分溶解。每 1 000 千克产品肉该烟熏剂的耗用量为125～450 克，使用成本很低。

5. 保存 烟熏液可在 7～24℃冷却条件下保存 1 年。冷冻冷藏条件下保存效果更佳，冻结不会损坏此产品的质量。

（三）腌腊肉制品含菌调味鲜化料的制作

獭狸无烟熏腌腊肉制品的含菌调味鲜化料是采用分解制作优质豆制品的特种微生物。这些特种微生物在肉品腌制和烘制期间既起到调味增味作用，又能分解腊肉制品中某些物质产生特殊的鲜化风味。腌腊肉制品含菌调味鲜化剂制作技术，就是利用这些特殊的微生物（纯白毛霉菌和少量乳酸菌）制作豆类制品的技术，该制作技术简单，使用方便，效果良好。

1. 选料　选择粒大、品质优良的豆类作为基本原料。要进行筛选去杂，以保证产品质量。

2. 煮制　将选择干净的豆类放入锅内，并放入豆重 2～4 倍的冷水，加热煮制和熟化。当煮沸后，继续保持煮沸状态 15～20 分钟，不能煮得太烂，即可熄火，煮制结束。将煮熟的豆类捞出，放入沥篮内沥干水分，以便进行后续的处理（以防热烂）。

3. 冷晾　将沥干水分的豆类放入干净的盘内进行冷却冷晾，待冷晾完全后才能接种发酵的微生物。

4. 菌种处理　将用于特殊发酵的微生物 1 包（约 2 克），用 100～150 克冷开水溶解后才能用于接种冷晾的熟豆类。对于保存时间较久、活力较弱的菌种，要进行活化扩大培养，增强菌种的活力，才可用于接种。

5. 接种　每包菌种（约 2 克）可接种 2.5～3.5 千克的原料豆类。接种方法是将冷开水溶化的菌种曲液直接拌入煮开冷却后的豆类中，充分拌匀，以防发酵不均匀，影响质量。

6. 发酵霉制　将拌上曲液后的豆类放入干净的盘内。首先在盘内垫一层干净的薄稻草或海绵，上面再铺垫 1～2 层干净纱布，然后再均匀地摊上拌上曲液的豆类，上盖一层纱布，再盖一层中皮纸，以防灰尘、杂物的污染，在这种情况下，进行发酵霉制。发酵霉制的时间根据季节温度而定，一般 4～7 天。霉制良好的豆类上面会生长一层良好的白霉菌。

7. 灌坛　将霉制好的豆类，添加 0.2% 高度曲酒、0.5%～1% 的食盐以及少量姜片等，充分拌匀，然后放入坛中密封，进行厌氧后熟 6～10 天，也可保存 3～6 个月。厌氧的条件是坛子不能有裂缝，盖子盖上后，坛口的盖边要加水才能达到密封厌氧的条件。后熟或保存期间，要注意坛口边缘水分的蒸发，如坛口边缘水分减少，要及时加水。

8. 制浆　添加肉制品之前，从坛内取出适量的豆类制品，在组织捣碎机内充分捣碎成细腻、均匀的浆体，没有捣碎机也可用绞肉机代替，但细度稍差。

9. 使用　捣碎的浆体可直接使用，使用的比例按产品配方执行，但要根据季节、气温、各地风味习惯加以调节。

10. 标准　霉制发酵和装坛后熟后的带菌豆类产品，要求气味芳香、口味纯正，无杂味、杂质，色泽正常，无黑色或紫色，烂而不溶，使用含菌调味料发酵鲜化腌腊肉制品的效果良好。

（四）獭狸无烟熏腌腊肉制品出品率的测定

产品出品率是实际生产中的重要指标，试验中对出品率进行了测定，测定结果见表3-4。

表3-4　獭狸无烟熏腌腊制品出品率的测定表

批次	品种	原料重（克）	成品重（克）	出品率（%）	平均出品率（%）
1	腊瘦肉条	17 800	10 225	57.44	
2	腊瘦肉条	14 320	7 747	54.1	51.12
3	腊瘦肉条	10 500	4 390	41.81	
4	腊排骨	12 680	7 355	58.0	54.89
5	腊排骨	10 700	5 540	51.78	

注：经测定，獭狸无烟熏腌腊瘦肉条平均出品率为51.12%，腊排骨平均出品率为54.89%。

三、獭狸金丝肉松的生产

肉松是我国著名特产，其色泽诱人，味道鲜美，携带方便，易于保存，深受人们的喜爱。由于所用原料不同，目前有猪肉松、牛肉松、鸡肉松及鱼肉松等。獭狸具有肉质细嫩、营养丰富、脂肪少的特点，因而我们将獭狸肉加工成肉松制品，成品呈金黄色，纤维疏松，鲜味醇正。

（一）工艺流程

原料肉检验→整理→配料→煮制焖酥→炒制→拣松→包装

（二）操作要点

1. 原料肉检验　獭狸屠宰去骨，原料肉经检验合格方能用于生产肉松。

2. 原料肉整理　将符合要求的原料肉剔去骨头，除去脂肪、筋膜、肌腱、血污和淋巴结等，然后顺着肌肉的纤维纹路方向切成长3厘米的肉条，洗去瘀血和污物，沥干待用。由于獭狸肉中含肌膜较多，且有很多细线状的结缔组织，因而在原料肉整理的时候要特别加以注意，如果不剔除将会影响肉松的口感和质量。

3. 配料　獭狸瘦肉100千克，酱油3千克，白糖3千克，黄酒4千克，茴香0.12千克，姜1千克。

4. 煮制　将整理好的肉块放入锅内，加入与肉等量清水，用大火煮制。煮制时将肉块全面翻动，使每块肌肉受热收缩均匀，也可避免肉料焦锅，煮沸后用勺撇去浮沫和油污。煮沸 20 分钟后，火力逐渐减小，用文火煮 2 小时左右，待煮至肌肉受压、肌纤维松散时加入调料，继续煮制，沥干待用。

5. 炒制　采用文火将肉边炒边压，将肌肉纤维压松散，注意连续勤炒勤翻，直到水分完全蒸发炒干、颜色由灰棕色转为灰黄色、肉松纤维蓬松为止。

6. 拣松与包装　拣去肉松中的碎骨、焦料，然后将成品肉松用无毒塑料袋进行包装，防止吸湿返潮。

獭狸肉松用塑料袋包装后，一般不抽真空，也不再进行杀菌，所以在加工过程中必须非常注意操作人员的卫生以及场地、用具、设备的彻底清洗和消毒，以免影响产品的卫生和质量。

（三）产品质量标准

1. 感官指标　产品呈金黄色或淡黄色，带有光泽，絮状，纤维纯洁疏松，香味浓郁，易咀嚼，无渣。

2. 理化指标　水分≤14%

3. 微生物指标　参照同类产品的国家标准。

（四）出品率测定

獭狸肉松出品率统计结果见表 3 - 5。

表 3 - 5　獭狸肉松出品率统计

次数	原料肉重（千克）	成品肉松重（千克）	出品率（%）	平均出品率（%）
1	2 000	492	24.6	
2	2 000	518	25.9	25.1
3	2 000	496	24.8	

四、獭狸肉干的生产

獭狸肉干具有滋味鲜美、营养丰富、容易携带、食用方便、保质期长的特点。

(一) 操作要点

1. **原料肉整理**　选用新鲜獭狸肉，采用前、后腿的瘦肉为最好。先将原料肉的皮、骨、脂肪和筋键剔除，切成 4 厘米×3 厘米×2 厘米大小的肉块，放入清水中浸泡约半小时，浸出血水、污物，再用清水漂洗，沥干水分。

2. **腌制**　经整理的獭狸肉要进行腌制。腌制采用干腌法，配料为原料肉 100 千克，食盐 2.5 千克，亚硝酸钠 10 克，白酒 400 毫升，味精 400 克，桂皮粉 150 克，D-异抗坏血酸钠 75 克。

将上述配料称好混匀，然后将配料均匀洒在整理好的肉块上，搅拌均匀，再将其放入 4～6℃的冰箱中腌制 48 小时左右。

3. **煮制**　将腌制好的肉块放入锅中，用清水煮沸约 20 分钟，待肉块收缩变硬，颜色变成粉红色，即可将肉块起锅并用清水冲洗沥干。撇去肉汤上面的浮沫，原汤备用。

4. **冷却**　经初煮后的肉块冷却后，按不同规格要求切成块、片、条、丁，但不管是何种形状，都力求大小一致、均匀，一般切成 2 厘米×2 厘米×0.3 厘米的肉片。

5. **复煮**　取原汤 2.5 千克（肉片 25 千克的 1/10）烧开，加入下述配料，然后倒入肉片，用文火熬煮收汁，直到汁水熬干（以 25 千克切好的肉片重计）。

（1）**麻辣型配料**　干辣椒粉 280 克，花椒粉 280 克，桂皮粉 80 克，八角粉 80 克，味精 160 克，野山椒粉 240 克，食盐 480 克，白酒 100 毫升。

（2）**香甜型配料**　白糖 2.5 千克，味精 80 克。

6. **烧烤**　采用鼓风干燥。将收尽锅内肉汤的肉片铺在不锈钢丝的网盘上，放进烘房的格架上进行烘烤，烘房温度保持在 50～55℃，经常翻动，每隔 1 小时要调换一次位置，需 4～5 小时，待肉片的质地发硬变干，颜色变为棕黄色且带有红色，并具有浓厚的香味时即可。

7. **拌油**　将烘烤后的肉片倒入消毒好的配料盆中。烘烤后肉片重以 25 千克计，麻辣型加油 3.6 千克，干辣椒粉 440 克，野山椒 440 克，香油 200 克；香甜型加油 3.6 千克。然后，搅拌均匀。

8. **装袋、真空封口**　按每袋 35 克装袋，将装好袋的肉干迅速用真空包装机抽真空封口。

9. **杀菌**　将封好口的肉干用沸水杀菌，杀菌时间为 20～30 分钟。

（二）产品质量标准

麻辣型：色泽红亮油润，酥香化渣，麻辣并具，食用可口。香甜型：甜咸适口，香味纯正，兼具五香香气，细品慢咽，气味芬芳。其他产品质量标准参考猪肉干、牛肉干等的国家标准。

（三）出品率测定

出品率＝成品重（千克）/整理后肉重（千克）×100％

经测定，獭狸肉干出品率约为42％。

第二节　貂肉产品加工技术

一、貂肉腌腊制品加工

（一）腊貂肉的加工

腊貂肉指我国南方冬季（腊月）将貂肉经剔骨、切割成条状后用食盐及其他调料腌制，经长期风干、发酵，或经人工烘烤而成的腌肉制品，食用时需经加热处理。选用鲜貂肉的不同部位可以制成各种不同的腊貂肉制品，且产品的风味各具特色：有的选料严格，制作精细，色泽美观，香味浓郁，肉质细嫩，芬芳醇厚，甘甜爽口；有的色泽鲜明、腊香带咸；有的瘦肉棕红、风味独特。

1. 工艺流程

选料修整→配制调料→腌制→风干烘烤或熏烤→成品→包装

2. 操作要点

（1）选料修整　采用新鲜貂肉为原料。根据品种不同和腌制时间长短，切成每块长38～50厘米，每条重180～200克的薄肉条；有的切成每块长20～30厘米，宽15～25厘米的腊肉块。部分肉条或肉块是带骨的。肉条切好后，用尖刀在肉条上端3～4厘米处穿一小孔，便于腌制后穿绳吊挂。

（2）配制调料　不同貂肉制品所用的配料不同，同一种貂肉制品在不同季节生产时使用的配料也有所不同。消费者可根据各自喜好的口味进行配料选择。

（3）腌制　一般采用干腌法、湿腌法和混合腌制法。

①干腌　取肉条和混合均匀的配料在案板上擦抹，或将肉条放在盛配料的盆内搓揉均可，均要求将配料擦遍整个肉条，对肉条皮面适当多擦，擦好后按

皮面向下、肉面向上的顺序，一层层叠放在腌制缸内，最上一层肉面向下、皮面向上。剩余的配料可撒布在肉条的上层，腌制中期应翻缸 1 次，即把缸内的肉条从上到下，依次转到另一个缸内，翻缸后再继续进行腌制。

②湿腌　是腌制去骨腊肉常用的方法。取切好的肉条逐条放入配制好的腌制液中，并完全浸没，腌制 15～18 小时，中间翻缸两次。

③混合腌制　即先将肉条干腌，再浸泡腌制液，使腌制时间缩短，并可使肉条腌制更加均匀。混合腌制时食盐用量不得超过 6％，使用陈的腌制液时，应先清除杂质，并在 80℃温度下煮 30 分钟，过滤后冷却备用。

④腌制时间　视腌制方法、肉条大小、室温等因素而有所不同，腌制时间最短为 3～4 小时，有的可达 7 天左右，以腌好腌透为标准。

腌制腊肉无论采用哪种方法，都应充分搓擦，仔细翻缸，腌制室温度保持在 0～10℃。

有的腊肉品种腌制完成后还要洗肉坯，目的是使貂肉内外咸度尽量均匀，防止在制品表面产生白斑（盐霜）和一些有碍美观的色泽。洗肉坯时用铁钩把肉皮吊起，或穿上线绳后在装有清洁的冷水中摆荡漂洗。

肉坯经过洗涤后，表层附有水滴，在烘烤、熏烤前需把水晾干，可将漂洗干净的肉坯用钩或绳挂在晾肉间的晾架上，没有晾肉间的可挂在空气流通而清洁的地方晾干。晾干的时间应视晾肉的温度和空气流通情况适当掌握，温度高、空气流通，晾干时间可短一些，反之则长一些。有些地方制作的腊肉不进行漂洗，且晾干时间根据用盐量来决定，一般带骨腊肉晾干时间不超过半天，去骨腊肉在 1 天以上。

（4）风干、烘烤或熏烤　冬季生产的腊貂肉通常放在通风阴凉处自然风干，工业化生产腊貂肉需进行烘烤，使肉坯水分快速脱去而又不能使腊肉变质发酸。腊肉烘烤时温度控制在 45～55℃，烘烤时间因肉条大小而异，一般 24～48 小时。烘烤过程中温度不能过高，以免烤焦、肥膘变黄；也不能太低，以免水分蒸发不足，使腊肉发酸。烤房内的温度要求恒定，不能忽高忽低，影响产品质量。经过一定时间烘烤，腊貂肉表面干燥并有出油现象时即可出烤房。

烘烤后的肉条送入干燥通风的晾挂室中晾挂冷却，等肉温降到室温时即可。如遇雨天应关闭门窗，以免受潮。

熏烤是腊貂肉加工的最后一道工序，有的品种不经过熏烤也可使用。烘烤的同时可以进行熏烤，也可以先烘干，完成烘烤工序后再进行熏制，采用哪一种方式可根据生产厂家的实际情况而定。

家庭熏制腊肉更简捷，把腊肉挂在距灶台1.5米的木杆上（农家常用的柴火灶），利用烹调时的熏烟熏制。这种方法烟淡、温低、常间歇，所以熏制缓慢，通常要烟熏15～20天。

（5）成品　烘烤后的肉坯悬挂在空气流通处，散尽热气后即为成品，出品率70％左右。

（6）包装　现多采用真空包装，250克、500克规格的包装较多，腊肉烘烤或熏烤后待降温至室温时即可包装。真空包装的腊肉保存期可达6个月以上。

（二）咸貂肉的加工

咸肉通常是指盐腌肉，用净瘦肉经食盐和其他调料腌制，不经熏煮、脱水工序加工而成的生肉制品，食用时需经热加工。我国不少地方都有生产，其中以浙江咸肉、四川咸肉、上海咸肉等较为著名。咸貂肉按貂的胴体不同部位分连片、段头和咸腿三种。连片是指无头尾、带脚爪的整个半片貂胴体；段头是指不带后腿及头的貂肉体；咸腿也称香腿，是指貂的后腿。

1. 工艺流程

原料修整→开刀门→腌制→成品

2. 操作要点

（1）原料修整　先对胴体进行修整，割除血管、淋巴、碎肉及横膈膜等。

（2）开刀门　为加速腌制，可在胴体上割出刀口，俗称开刀门。从肉面用刀划开一定深度的刀口，刀口的深度、大小和多少取决于腌制时的气温和肌肉厚薄。

（3）腌制　腌制时分三次上盐，每100千克鲜肉用食盐15～18千克，花椒微量，碾碎拌匀，有的地方品种也加硝酸钠进行发色，最大使用量每千克鲜肉不超过0.5克。

第一次上盐也称初盐，在原料肉的表面均匀擦上少量盐，排出肉中血水，用盐量占总用盐量的30％；第二次上盐一般在第一次上盐的次日进行，沥干盐卤，再均匀地上新盐，刀口处要塞进适量的盐，肉面上也要适当撒上盐，用盐量占总用盐量的50％；第三次上盐也称复盐，在第二次上盐后4～5天进行，经4～5天翻倒1次，上下调换位置，同时补充适量新盐，在肉厚的前躯要多撒盐，颈椎、刀门、排骨上必须有盐，肉片四周也要抹上盐，用盐量占总用盐量的20％。

每次上盐后，要堆叠整齐、片次分明、层层压紧、肉面向上、稍有斜度，以便盐卤积聚在胸腔，使盐分渗透到各处。经过三次上盐后腌7天左右，即成半成品"嫩咸肉"。以后还要根据气候情况进行翻堆和补充盐，保持肉身不失盐。从第一次上盐起，腌25天即为成品，成品率90%。

（4）储藏　咸肉的储藏方法有堆垛法和浸卤法两种。堆垛法是在咸肉水分稍干后，堆放在−5～0℃的冷库中，可储藏6个月，损耗量为2%～3%。浸卤法是将咸肉浸放在24%～25%的盐水中，这种方法可延长保存期，使肉色保持红润，没有重量损失。

二、西式貂肉火腿

西式火腿又称盐水火腿，依据形状分圆腿和方腿，又有熏烟和非熏烟之分，它属于一种高档肉类制品，是国外主要肉制品之一。这种制品国内外均以优质纯瘦貂肉加工而成。本文介绍采用剔骨优质貂肉进行多次试验加工成西式貂肉火腿。

（一）工艺流程

原料貂肉的整理→腌制→漂洗→成熟→揉捏→装模→煮制→冷却→脱模→检验→冷藏或销售

（二）操作要点

1. 原料肉的选择及修整　选用新鲜或解冻后的后腿貂肉，剔净骨、筋膜、淋巴、血污、脂肪及伤斑等不适宜加工的部分。原料肉的修整应在10℃以下进行。

2. 腌制工艺

（1）腌液配方　水81.70%，食盐17.05%，亚硝酸钠0.01%，硝酸钠0.26%，蔗糖0.26%，味精0.145%，磷酸盐维生素C适量。

（2）腌制　将修整后的原料一次倒入搅拌后的腌液内，并适当进行翻动，腌制温度应严格控制在10℃以下，最好是0～4℃，腌制48小时。原料肉在腌制前要尽量进行盐水注射，也可直接进行浸渍腌制。

3. 漂洗　当腌透后，取出沥尽腌液，放于10℃以下净化的流水中漂洗，以除去多余的盐分和杂质。漂洗的时间依肉的咸度而定，即肉比较咸，漂洗时间可稍长一些，否则可短一些。

4. 成熟　其主要作用在于使腌制更加均匀一致，提高产品保水力以及时改善产品颜色和风味,提高产品的品质。成熟温度为 4~5℃,时间一般 10 天以上。在成熟期间应特别注意成熟温度和肉的变化情况,并定期将肉上下翻动几次。

5. 滚揉 是采用外力对成熟后的肉进行机械揉擦、翻滚、碰撞以破坏肌肉结构,促使盐分进一步渗入和均匀分布,提取出更多的结构蛋白,增强肉块之间的黏结力和保水能力,阻止火腿在煮制时肉汁外逸,以达到提高出品率的目的。

揉捏适度的标准是肉块柔软发黏,肉块和肉块之间相互粘连。揉捏不能过度,否则使成品出现橡皮状。

6. 装模、定型 方腿模(亦有圆腿模)为各种定量规格的不锈钢或合金铝制模。可采用 12.5 厘米×23 厘米×12.5 厘米的不锈钢方腿模,盖上带有便于压紧的弹簧装置。

在装模压肉时,应逐渐放入模型,要压严实,不得有空隙,在模内的底层和上层最好放入几块完整的肉块,有条件的地方揿满后抽真空为最佳,以防成品切片时出现空洞,影响组织状态和保存期。

模装满后盖上模盖,用力将弹簧压紧,直至无法再压为止。

7. 煮制 用于煮制的方锅一般采用平底方锅或采用瓷砖砌成,内铺有蒸汽管道,其大小视生产规模而定。煮制时,先将锅中水烧开,然后下模,模与模之间应保持一定距离,水量以高出模盒 3~4 厘米为宜。煮制温度应保持在 75~80℃,煮制时间视重量而定,2.5~3 千克重的火腿应煮制 3.5~4 小时,待中心温度达到 68~72℃即可停止加热,准备出锅。

8. 冷却、冷藏 火腿出锅后,应立即用沙滤水或将模倒置在 10℃以下的流水中冷却 20~30 分钟,然后置于室温下冷却 2~3 小时,再转入 0℃的冷库或冰柜中冷藏 12~15 小时,经脱模检验合格者即为成品,可整只或切片销售,如不能及时销售应连模在冷库或冷藏柜中保藏。

(三) 产品特点与经济效益

西式貂肉火腿为长方形,美观大方,结构坚实,孔洞少,切片不松散,无碎骨;色泽鲜艳,肉筋透明,微带红色;脂肪极少,热值低,蛋白含量高;肉质鲜嫩,咸淡适中,美味可口;是一种营养极为丰富、食用方便、适宜于不同年龄、性别和作业人员食用的高档新型肉类制品。

依据不同配方加工而成的西式貂肉火腿出品率高,经济效益好。其平均成品率为 108.5%,如果每块貂肉净肉率按 38.35%计,则加工成西式貂肉火腿的经济效益显著。如果将貂皮精细鞣制后再加工则价值更高。

三、貂肉酱卤制品的加工

(一) 卤貂肉加工

卤貂肉属于酱卤制品，其特点是在配料中加入酱油及其他珍贵香辛料，使原料本色改变。卤貂肉是一种色、香、味、形俱佳的熟肉制品，酥润浓郁，风味独特，能满足广大消费者的需要。

1. 原料肉的选择和整理　选用新鲜貂肉胴体，去头、筋膜、血污、脂肪等，然后劈半，并将每半胴体边切成四段（前胸、胸肋、腹肌、后腿）。亦可整只卤制，分割销售。原料肉的修整应在10℃以下。

2. 腌制　原料肉100千克，食盐1千克，亚硝酸钠10克。方法是先将食盐和亚硝酸钠混合成硝盐均匀地涂抹在貂肉上。腌制时间48小时左右，腌制温度2～5℃。

3. 预煮　把腌制好的貂肉先放入沸水中预煮10分钟左右，拔去血污，待肌肉发白时捞出，进一步进行修整，除去筋膜、脂肪等影响外观和不适宜加工的部分。

4. 卤制　先配制卤液（按100千克原料肉计）。将剔除的貂骨适量放入高压锅内，加水，煮20分钟，取滤净汤汁50千克，配以下列名贵香辛料（除食盐外，其他香辛料最好用纱布包好），加水。

香辛料配方为食盐1.5千克，肉桂15克，丁香1千克，胡椒50克，沙姜100克，小茴香100克，姜100克，砂仁100克，豆蔻100克，八角100克，草果150克，白芷100克，白糖1千克，酱油2千克，陈皮300克，适量大油和味精。

待熬煮至汤汁为35千克左右时，即为高质量卤汁。把预煮好的貂肉放入卤液，卤制温度80～90℃，时间75～100分钟，出锅后可适当上色，即为成品。

5. 贮藏　在0～10℃条件下贮藏，可保存15天左右而不腐败变质。

(二) 酱貂肉加工

1. 产品特点　酥润浓郁，皮糯肉烂，入口即化，肥而不腻，色泽鲜艳。

2. 配方　肋条肉50千克，绍酒2～3千克，白糖2.5千克，盐1.5～2千克，红曲米600，桂皮100克，八角100克，茴香100克，葱500克，姜100

克。香料须用纱布包扎好后下锅，红曲米加工成粉末，越细越好。

3. 原料整理 选用毛稀、皮薄、肉质鲜嫩的肋条肉为原料。将带皮的整块肋条肉用刮刀把毛、污、杂质刮净，剪去不要部分，然后开条（俗称抽条子）。条子宽度4厘米，长度不限，条子开好后斩成4厘米见方的方块肉，斩好的肉块分别存放于篮中。

4. 操作要点

（1）酱制 不同规格的原料需分批下锅，在开水中白烧，净瘦肉白烧约10分钟，带骨肉约15分钟。捞起后在清水中冲去污沫，将锅内的汤撇去浮油。在锅底放上拆骨的貂肉，加上香料。如有带骨貂肉、碎肉，可装在小竹篮中，放在锅的中间，加上适量肉汤，用大火烧煮1小时左右。当锅内水烧开时，再加入红曲米、绍兴酒和糖（2千克），用中火再煮40分钟起锅。起锅时须用尖筷逐块取出，放在盘中逐行排列，不能叠放。香料、桂皮、八角、茴香可重复使用，桂皮用到折断后横切面发黑时为止，八角、茴香用到角脱落时为止。

（2）制卤 卤汁的制法，是将余下的0.5千克白糖加入成品出锅后的汤锅中，用小火熬煎，并用铲刀不断地在锅内翻动，以防止发焦产生锅巴。锅内汤汁逐步形成糊状时而成卤汁，舀出盛放在钵或小缸等容器中，以便于出售或食用时浇在酱汁肉上。如果气温低，卤汁冻结，须加热熔化后再用。卤的质量很重要，食用时加上好的卤汁，除了可使肉的色泽鲜艳外，又可使口味甜中带咸，以甜为主，回味无穷。

四、貂肉松的加工

肉松是我国著名特产，由于原料不同，有貂肉松、牛肉松、鸡肉松及鱼肉松等。在此介绍貂肉松的加工。

（一）加工要点

1. 原料肉的要求 肉松以纯瘦肉经脱水而成，故原料肉一定要用健康新鲜貂肉的腿部肌肉。

2. 原料肉的处理 对符合要求的原料肉，应首先剔除骨、皮、脂肪、筋腱、淋巴、血管等不易加工的部分，然后顺着肌肉的纤维纹路方向切成长3厘米的肉条。

3. 配料 因配料标准繁多，可以借鉴猪肉、牛肉的配方。

4. 煮肉与炒制　把切好的瘦肉放入锅内，加入与肉等量的水，然后分三段进行加工。

（1）煮制阶段（第一段）　目的就是用猛火把瘦肉煮烂，同时不断翻动撇去浮油。如水干未烂，及时加入适量的水，直到用筷子稍压时肌肉纤维自行分离，则表示火候已到，此时可把调料加入（如茴香、姜之类可用两层纱包好提前放入），继续煮到汤干为止。

（2）炒压阶段（第二段）　此阶段宜用文火，用锅铲边炒边压，并要注意不要炒得过早或过迟。过早，肉块未烂不易压散，工效很低；过迟，肉块太烂，易产生焦锅糊底现象。

（3）炒干阶段（第三段）　这时要用小火，勤炒勤翻，直到水分完全蒸发炒干，颜色由灰棕色变为灰黄色，成为具有特殊香味的金黄色肉松为止。目前，第二和第三阶段多用专用炒松机进行炒制。

如加工福建油酥貂肉松时，将上述肉松放入锅内，用小火加热翻炒，待80%的肉松成为酥脆的粉状时，铲入铁丝筛内过筛以除去大颗粒，再将筛出的粉状肉松坯置于锅内，倒入已加热溶化的貂油，同时不断翻炒成球状团粒，即为福建油酥肉松。

（二）貂肉松的配方

第一种：貂肉 100 千克，白酱油 10 千克，白砂糖 8 千克，红糟 5 千克，每千克肉松加 0.4 千克貂油。

第二种：瘦肉 100 千克，白酱油 15 千克，茴香 0.12 千克，绍酒 1.5 千克，姜 2 千克，白砂糖（或冰糖）3 千克。

第三种：貂肉 100 千克，酱油 11 千克，白糖 3 千克，黄酒 4 千克，茴香 0.12 千克，姜 1 千克。

五、貂肉干的加工

肉干是用净瘦肉经煮制成形、配以辅料、干燥而成的肉制品。肉干的名称随原料、辅料、形状等而异，但加工方法大同小异。

（一）原料的选择

肉干多选用健康、新鲜的貂肉前后腿瘦肉为最佳。

（二）原料肉的处理

选好的原料肉应剔去皮骨、脂肪、筋腱、淋巴管、血管等不适宜加工的部分。然后切成 0.25 千克左右的肉块，并用清水漂洗后沥干。

（三）预煮与成形

将切好的肉块投入沸水中煮制 30 分钟，同时撇去汤上浮沫，待肉块切开呈粉红色后即捞出冷凉成形，再按照要求切成肉片或肉丁。

（四）配料

配料随地区要求而异，在此仅介绍几种一般性配料。

第一种：貂肉 100 千克，食盐 2.5 千克，酱油 6 千克，五香粉 100～150 克。

第二种：貂肉 100 千克，食盐 2 克，酱油 6 千克，白砂糖 8 千克，黄酒 1 千克，姜 0.25 千克，香葱 0.25 千克，五香粉 0.25 千克。

第三种：貂肉丁 25 千克，食盐 300 克，白砂糖 100 克，苯甲酸钠 25 克，味精 50 克，姜粉 50 克，辣椒粉 100 克，酱油 3.5 千克。

（五）复煮

取预煮汤一部分（约为成形半成品的 1/2），加入配料，用大火煮开，将成形半成品（肉片或肉丁）倒入，用文火熬煮，并不时轻轻翻动，待汤汁快干时，即将肉片（或肉丁）取出沥干。

（六）烘烤

沥干后的肉片或肉丁平摊于铁丝网上，用火烘烤即为成品。如用烘房或烘箱，温度应控制在 50～55℃。为了均匀干燥、防止烤焦，在烘烤时应经常翻动。

六、乳化貂肉肠的加工

乳化貂肉肠是近年来研制成功的、适合人们口味的大众化方便食品。由于其原料肉肉质嫩软，而肉皮胶质又形成固态汤汁，所以口味鲜美、肉质脆嫩，弹性较好。乳化肠制品的原料一般都是以瘦肉为主，辅以猪的肥膘，而乳化貂肉肠的原料却是以猪肥膘、猪肉皮及貂肉为主。

（一）乳化肉的制法

1. 原料处理 乳化肉要用猪皮来加工。用温水加少量碱进行清洗，猪肉皮要求整修除去杂味，再用清水漂洗至无碱味为止。将洗干净的肉皮切成小块投入锅中，用95℃水煮后（用竹筷能戳动时）取出，放入盘内运至冷库，待冷却后将肉皮投入孔径3毫米的绞肉机内绞成粒状，存放备用。肥膘肉应割除余皮、剔除杂质，放在冷库中冷却至5℃，将肥膘肉用孔径3毫米的绞肉机绞成颗粒状，存放备用。

2. 配方 肉皮粒25千克，肥膘粒25千克，食用水10千克，食盐1.5千克。

3. 制作方法 先在10千克的水中加入食盐1.5千克，加热，使水温达95℃。开动搅拌机，将盐水与肉皮、肥膘粒三者混拌，直至拌匀成黏稠状即可装盘。送至预冷间，然后再转入冷库存放备用，即为乳化肉。乳化肉是加工貂肉肠的原料，必须妥善保藏、防止变质。外运乳化肉应在低温库中速冻后，中心温度达−12℃时即可转入保温库存放，或用保温车运输对外供应。乳化肉要求色泽呈乳白色；风味应有肉香原味，无油脂哈喇杂味；组织紧密，皮粒细腻，混合均匀，无块型胶质；理化要求水分28.5%，蛋白质16.8%，脂肪40.67%。

（二）乳化貂肉肠的制法

乳化貂肉肠的加工工艺比较复杂，生产过程必须严格按照规程进行，不然会影响产品质量。

1. 原料分割 将貂肉剔除骨骼，除去皮、脂肪及筋，将瘦肉切成小块，以供下道工序腌制使用。

2. 腌制 在腌制瘦肉时，先行过磅，然后再腌制。先将盐过筛，加入适量亚硝酸盐，每50千克肉用食盐2千克；需搅拌均匀，避免咸淡不匀。

3. 绞肉 用3毫米孔径的绞肉机将腌制好的瘦肉绞碎成糜状，再将肉糜转入冷库，存放时间不得低于8小时。肉糜放入冷库的主要目的是使蛋白质极性基增强，结合水的能力提高，提高出品率，增强肉糜弹性。

4. 拌馅 原料50千克（乳化肉60%，瘦肉40%），淀粉4千克，白糖1.8千克，食盐0.5千克，味精75克，茴香20克，五香粉20克，曲酒300克，亚硝酸盐适量。方法是把辅料用水溶解，然后过滤备用。开动搅拌机，先将乳化肉搅拌，再将辅料和瘦肉加在一起搅拌。注意搅拌后要基本上没有成块的乳化肉。搅拌好的肉温度宜在8～12℃。

5. 灌肠　灌肠前必须将六路或七路的肠衣洗净，肠衣内的水分要去掉，防止异味。灌肠需采用真空灌肠机，灌肠时要求坚实，肠内无空气，每根肠的长度以40厘米为宜，力求一致。每根木杆串12根肠左右，洗后上架。

6. 烘烤　灌肠进入烘房，开始时温度以80℃为宜，其目的是使灌肠表面干燥光滑、色泽发红，使肠内表层蛋白质固定，随后温度逐渐降低。注意灌肠在木杆上不可排列过密，烘烤中要保持干燥一致，用蒸汽烘比较卫生，温度易控制。如果用木柴烘烤，火苗与灌肠之间的距离应保持0.8米左右。在烤时要移动火苗的位置，保持灌肠干度均匀，不焦枯、不出油，光滑发色后即可下架。

7. 煮熟　将烘烤好的灌肠放入95℃水中（500千克水中放食用胭脂红1千克），下锅后温度逐渐下降。要求在1小时后灌肠中心温度为65℃，用手检查，肠身发硬、弹性良好，即可出锅，进入第二次烘烤。

8. 二次烘烤　当灌肠出锅上架时，应理顺木杆上的灌肠，保持灌肠之间的距离均匀一致。采用蒸汽烘，开始温度在85℃为宜，逐步下降，5小时后为60℃，以后逐步自然冷却。木柴烘烤，开始温度要在85℃左右，温度在灌肠进入烘房后逐步下降，5小时后温度约为60℃，然后开门，待火逐步熄灭，自然冷却，即为成品。成品率一般为105％～110％。

9. 包装　一般用纸箱散包装，每箱20千克为宜，箱内用塑料袋做内包装。将打包后的成品进入冷库冷却保存，温度为5～10℃。

（三）产品质量标准

1. 色泽　肠衣表面呈粉红色，无焦斑。
2. 肉质　切面无气泡，肉质鲜嫩，有弹性，色泽一致。
3. 风味　咸淡适口，味鲜美，无异味。
4. 理化标准　水分51％，蛋白质19％，脂肪28.6％，糖分0.79％。

七、熏貂肉

（一）煮制工艺

1. 原料　选用三级的鲜貂肉或冻貂肉均可。
2. 配料　按50千克原料肉计，花椒25克，八角75克，桂皮100克，茴香 50 克，鲜姜 150 克，大葱 250 克，盐 3 千克，白糖或红糖 50～200 克。

3. 原料处理 貂肉去骨后，洗净血块、杂质。切成 15 厘米见方的肉块，切完后用净水泡 2 小时。

4. 煮制 按重量比例将配料放入锅内加水煮沸。开锅后把肉放入锅内，煮沸后撇净汤面泡沫，每隔 20 分钟翻 1 次，共翻 2～3 次。煮沸 1 小时左右即可起锅。

（二）熏制工艺

煮制出锅后的肉，皮向上码放在熏屉盘上。然后，在铁锅内加入糖，将码好肉的熏屉放于锅上，用旺火将锅烧热生烟，熏制 5～10 分钟，即为成品。

第三节 果子狸生熏腿的加工

（一）材料与设备

果子狸后腿、盐、木醋酸、杂酚油、杜松油、食糖、刀、砧板、缸、冷库、铝质浅盘等。

（二）工艺流程

原料选择与整形→注射盐水→揉擦盐硝→下缸浸渍腌制→出缸浸泡→再整形→熏制→成品

（三）腌制液配制

1. 注射用盐水 50 千克水中加精盐 6～7 千克、食糖 0.5 千克、亚硝酸钠 5～7 克，盐水的注射量约为肉重的 10%。注射用盐浓度为 12% 左右，用亚硝酸钠作发色剂。

2. 浸渍的盐水 50 千克水中加盐 9.5 千克、硝酸钠 35 克，充分溶解搅拌均匀，即可使用。盐水的用量一般约为肉重的 1/3，浸渍用盐水浓度为 16% 左右，加硝酸钠作发色剂。

3. 盐硝腌制剂 主要成分是盐，硝酸钠占盐的 0.5%。盐硝的比例并非都是 100∶0.5，根据不同产品的不同要求，其比例可按需要调整。盐硝的用量一般为每只腿 100～150 克。

4. 熏烟液 水 10 千克，木醋酸 10 千克，杂酚油 2 千克，杜松油 1 千克，混合使用。

（四）操作要点

1. 原料选择与整形　选择健康无病的果子狸后腿肉，而且必须是腿心肌肉丰满的果子狸。果子狸肉应在 0℃ 左右的冷库放置冷却约 10 小时，使肉温降至 0～5℃，肌肉稍微变硬后再分割。这样腿坯不易变形，有助于成品外形美观。整形是去掉尾骨和腿面上的油筋、奶脯，并割去四周边缘凸出部分，使其成直线。经整形的腿坯重量以 3～5 千克为宜。

2. 注射盐水，揉擦盐硝　把精盐、食糖、亚硝酸钠置于同一容器内，用少量清水拌和均匀，使其溶解。如一次溶解不透，可不断加水搅拌，直至全部溶解，然后加水稀释，总用水量为 50 千克，不可超量。最后，撇去水面污物，即可使用。注射盐水是用盐水泵通过注射针头把盐水强行注入肌肉内，注入的部位一般是在 5 个均匀分布的位置各注射 1 针。肌肉厚实的部位可灵活增加若干注射点，以防止中心部位腌制不透。盐水的注射量约为肉重的 10%。注射工作宜在不漏水的浅盘内进行。注射好的腿坯，应及时揉擦盐硝。擦盐硝的方法是将盐硝撒在肉面上，用手揉擦，腿坯表面必须揉擦均匀，最后拎起腿坯抖动一下，将多余的盐硝落回盛器。将经过注射盐水和揉擦盐硝的腿坯摊放在不漏水的铝质浅盘内，置 2～4℃ 冷库内腌渍 20～24 小时。

3. 浸渍腌制　经过 20～24 小时腌渍的腿坯，需置于缸内浸渍腌制。先把腿坯一层一层紧密地排放在大口陶瓷缸内，底层的皮向下，最上面的皮向上，肉的堆放高度应略低于缸口。将事先配好的浸渍盐水倒入缸内，盐水液面的高度应稍高于肉面，以把肉浸没为宜。为防止腿坯上浮，可加压重物。浸渍时间的长短与腿坯大小、注射是否恰到好处、腌制时间等因素有关。一般经 2 周左右可腌好，在此期间应翻缸 2～3 次。

4. 浸泡　腌制好的腿坯，即可出缸加工。腿坯出缸后，需用温水浸泡 3～4 小时。温水浸泡有两个作用：一是使腿坯内温度升高，肉质软化，便于清洗和修割；二是漂去表面盐水，以免熏制后出现"白花"盐霜，有助于保持产品外形美观。经过腌制的腿坯，表面有时会有少量污物沉积，须用抹布揩去，揩不掉的硬性杂质用手拣去。洗好后用锋利的刀刮尽皮上的残毛和油垢。

5. 再整形　完成了上述各项工序处理的腿坯，需再次修割、整形，使腿面成光滑的椭圆形球面。在腿圈上方刺一小洞，穿上棉绳，吊挂在晾架上，再一次刮去皮上的水分和油污，继续留在晾架上晾干 10 小时左右。晾干期间，肌肉里有少量水分渗出，同时血管里有血水流出，可用干布吸干，至此便可进行烟熏。

6. **熏制**　生熏腿的烟熏温度一般为 60～70℃，先高后低，手指按捺有一定硬度，似一层干壳，皮质呈金黄色，用手指弹有清晰扑扑声。如达不到上述要求，则可适当延长烟熏时间。如有条件，采用无烟熏制新工艺更好。

第四章

药用动物产品加工　　>>>>>

第一节　鹿产品的加工

一、鹿的经济价值

养鹿业是我国一种特种动物养殖业。养鹿可获得贵重的鹿茸、鹿血、鹿肉等产品。目前我国有茸鹿 50 多万只，其中梅花鹿有 30 多万只，马鹿有 10 多万只。

(一) 鹿茸、鹿肉、鹿血的价值

1. 鹿茸的价值　鹿茸是鹿的主要产品，是传统名贵药材。现代医学研究证明，鹿茸有调节机体代谢、促进各种生理活动的作用。产品畅销日本、韩国、泰国、新加坡、印度尼西亚等国。

2. 鹿肉的价值　鹿肉是高蛋白、低脂肪、低胆固醇的动物食品。氨基酸含量丰富，除脯氨酸、甘氨酸和胆固醇的含量低于牛肉外，其他成分均高于牛肉，瘦肉率也高于牛肉和鸡肉。鹿肉不仅是老少皆宜的高档食品，而且也可入药，有补五脏、调血脉的作用，主治产后无乳和虚劳消瘦。

3. 鹿血的价值　鹿血特别是茸血能制成鹿血酒或鹿血粉（鹿血干），有补虚和补血的功效。主治心悸失眠、肺结核吐血、虚弱腰痛等症。

(二) 鹿角、鹿骨、鹿尾的价值

1. 鹿角的价值　鹿茸钙化（老化）成骨样叫鹿角。鹿角可入药，主治阳痿遗精、腰膝酸冷、乳痈肿痛等症。

鹿角还可制成胶，称为鹿角胶，也是一味中药，有温补肝肾、益精血的作用。主治阳痿遗精、崩漏带血、便血尿血等症。鹿角还能制成鹿角霜，主治脾虚阳痿、食欲减低、白带异常、遗尿、频尿等症。

2. 鹿骨的价值　鹿的骨骼也可入药，有补虚弱、壮筋骨之功效，主治四肢疼痛、筋骨冷痹等。鹿骨还可熬制骨胶和制成骨粉，作饲料中的矿物性添加剂。

3. 鹿尾的价值　鹿尾也是一味中药，主治肾亏遗精及头昏耳鸣、腰痛等症。

（三）鹿鞭、鹿筋、鹿皮的价值

1. 鹿鞭的价值　公鹿的睾丸及阴茎称鹿鞭，亦是名贵中药材，有补肾壮阳的功效。主治阳痿、肾虚耳鸣、劳伤和宫冷不孕等。"三鞭酒"即含有鹿鞭的成分。

2. 鹿筋的价值　鹿四肢上的肌腱称筋。鹿筋既是一道高档菜肴，也是一味药材，有壮筋骨的作用，主治风湿性关节痛和脚转筋等。鹿筋还可制成医疗上用的缝合线。

3. 鹿皮的价值　鹿皮薄而柔韧，除制作裘衣服饰、手套、钱包外，还可制成高级光学仪器的擦拭材料。

（四）鹿胎、鹿心的价值

1. 鹿胎的价值　鹿胎是鹿的完整子宫、胎儿、胎盘、羊水的统称。鹿胎含有人体不能合成的氨基酸和铜、锌、铝、钒、硒、钙、蛋白质、维生素等。鹿胎可制成"鹿胎膏"、"鹿胎粉"。鹿胎有壮阳益肾、补血调经、补虚生精的作用，主治精血不足、宫冷不孕等。

2. 鹿心的价值　鹿的心脏能治疗因惊吓、疲劳过度、长期神经衰弱而引起的心动过速和心血亏损等疾病。

二、鹿肉和鹿皮的加工

（一）鹿肉的加工

鹿肉滋味清淡，纤维细嫩，营养丰富，味道鲜美，是柔嫩易消化的高级滋养品，既可鲜用，又可加工成肉干后药用或食用。

将肉剔骨后去掉大块脂肪，切成小块，放在笼屉内蒸汽蒸至六七成熟时，取出切成薄片，送到85～90℃烘箱中烤成肉干。亦可将骨肉放在锅内煮熟后，取出，剔骨、去脂肪，把肉顺肌纤维切成丝或用手撕碎，烘干或放入锅内烘炒成黄色，晾晒风干，即成鹿肉干。

（二）鹿皮的加工

鹿皮既可入药，又可制成质地优良的皮革。鹿宰杀后，趁体热立即剥皮，用利刀沿腹中线将胸腹部挑开，沿前、后肢内侧中线将皮挑开，用钝器或拳揣法将皮剥下。

1. 药用皮的加工 将剥下的皮刮净残肉和毛，用碱水洗涤后再用清水冲洗，切块，晒干或烘干，使用时煎汤或研磨。

2. 制革皮的加工 剥下的鲜皮，刮去皮板上的残肉、脂肪和杂质，用抹布擦去血污。切忌用水洗皮，以免失去油性和光泽，然后割去头、爪等有碍皮形的皮角边。将皮板朝上、毛朝下展开，平放在干燥、通风、洁净、平坦处晒干。阴雨天可展铺在室内，要防止日光暴晒和急热高温，也要避免水湿雨淋。皮干后妥善保存，防虫防霉，保证鹿皮质量，以供市场需要。

三、鹿骨的加工

鹿宰杀后，将去掉肌肉的四肢骨锯成小段，洗净水煮，去掉残肉，烘干或阴干，即可保存。将鹿骨粉碎，按 1∶10 加水煎煮，每 8 小时取汁 1 次，再补充水，直到骨酥至手捏可成粉末时为止。合并胶汁，过滤浓缩，冷凉切块，即可制成鹿骨胶。

四、鹿尾的加工

鹿的种类不同，鹿尾的形状、大小也有所不同。鹿尾由 9～12 节尾椎骨、肌腱、肌肉纤维、脂肪组织、尾腺、结缔组织和尾皮组成。

(一) 取尾

鹿屠宰后，立即在荐椎与尾椎相接处切下尾巴，去掉残肉和第 1 尾椎。

(二) 脱毛

将鲜尾用湿布或湿麻袋片包好，在 20℃左右温度下焖 2～3 天，或在 80～90℃水中浇烫 1～2 次，拔掉尾毛，刮净绒毛和柔皮，用线缝合尾根皮肤。在炎热的夏季，为防腐败，可在高度白酒中浸泡 5～6 天后再进行加工。

(三) 干燥

将修整好的鹿尾放在 50～60℃烘箱中烘干，冬季或早春可挂在阴凉处风干。马鹿尾在半干时要整形，使其边缘肥厚、背面隆起、腹面凹陷。干燥好的鹿尾应置于罐内，放少许樟脑以防虫蛀，也可冷冻保存，如出现白霉，可用冷水刷净。加工后的鹿尾可切成薄片，擦油后用微火烤至焦黄色，磨粉即可药用。干品梅花鹿尾不分等级，以尾形完整、长圆饱满、尾肉多、色黑亮、无异味、无虫蛀、无毛根者为佳品。冬春季加工的鹿尾较好，尾根红色，有自然皱褶，夏秋季加工的鹿尾保存不当常常变成黑色。

马鹿尾价值较高，共分为四个等级：

一等为纯干货，皮细、色黑有光泽、肥大肉厚、无根骨、背有抽沟、无臭味、无空心、无虫蛀、无夹馅、无熟皮、无残肉、无毛根、无残破。重量在110～125 克。

二等为纯干货，皮细、色黑、较瘦小、无臭味、无空心、无虫蛀、无夹馅、无熟皮、无残肉。重量在50～100 克。

三等也为纯干货，皮略粗、色黑、较瘦小、无臭味、无空心、无虫蛀、无夹馅。重量在40～80 克。

四等（等外）亦为纯干货，皮粗色黑、无臭味、无空心、无虫蛀、无夹馅，不符合一、二、三等者均为四等或等外品。

五、鹿鞭的加工

鹿鞭为梅花鹿或马鹿的阴茎及睾丸的统称，呈长条状，顶尖有黄色或灰黄色的毛。梅花鹿鞭长25～40 厘米，直径1.6～2 厘米；马鹿鞭长35～50 厘米，直径2～2.5 厘米。鹿鞭表面为棕黄色至黑棕色，一侧有纵沟，另一侧有隆脊，中后部带有2 枚扁圆形的睾丸，不带睾丸者不算完整的鹿鞭。

干品鹿鞭，阴茎、睾丸完整，呈柱状略扁，包皮有丛生鹿毛，包皮外翻，龟头裸露呈短圆锥状，黄褐色有光泽，横断面海绵体呈蝶形，有尿道沟。无残肉，无脂肪、无异味、气味微腥、无霉变、无虫蛀、质地坚韧者为佳品。

（一）鹿鞭的剥取

公鹿宰杀后，剥取阴茎时留1～3 厘米包皮于阴茎上，便于加工后与伪品区别。然后，一手提阴茎包皮，一手用利刃将阴茎与腹壁剥离，至坐骨弓处切断，取出阴茎。从阴囊中取出睾丸并带7～10 厘米输精管。去掉阴茎上的残肉、脂肪和筋膜，用清水洗净，将阴茎拉直，呈自然长度，连同睾丸一起钉在木板上，置通风阴凉处自然风干，炎热夏季也可用沸水浇烫一下，置50～

60℃烘烤干。

（二）鹿鞭的加工

将干鹿鞭用温水浸润，切成薄片，晒干或烘干，即为鹿鞭片。将干鹿鞭切成小块，在热沙或热滑石粉中炒至松泡，取出碾粉，即为鹿鞭粉。

六、鹿筋的加工

鹿筋是指鹿四肢肌腱和背最长肌的筋膜。鹿宰杀后，解下四肢，清水洗净，在蹄冠上方5厘米处环形切开，剥去皮肤。

（一）剔筋

1. 前肢　在掌骨前侧与肌腱之间挑开皮肤，向下至蹄冠部，带3～5厘米皮肤切断，再向上剔至腕骨上端，在筋膜终止处切下，即为伸肌腱；在掌骨后侧与肌腱间挑开，向下挑至蹄冠部，连同附蹄及种籽骨一起切下，沿筋槽向上挑至腕骨上端，在筋膜终止处切下，即为屈肌腱。

2. 后肢　在跖骨前侧与肌腱之间挑开，向下至蹄冠部，带3～5厘米皮肤切下，再向上剔至跖骨上端到跗关节，在筋膜终止处切下，为屈肌腱；在跖骨后侧与肌腱之间挑开，向下至蹄冠部，连同附蹄和种籽骨一起切下，沿筋槽向上至肌腱终止处切下，即为伸肌腱。

3. 背最长肌筋膜　由颈根部开始，沿胸、腰椎横突、棘突到荐椎处，取下两侧背最长肌，然后剔下这两块肌肉背面的筋膜。

（二）刮洗浸泡

将取下的肌腱，在案板上仔细地沿筋膜逐层剥离，并刮去肌肉，用清洁的水冲洗2～3遍，放在冷水中浸泡2～3天，每日早晚各换1次水，泡至筋膜内无血色后，再逐筋刮净残肉，浸泡1～2天，以同样的方法再刮洗1次即可。

（三）修整与烘干

将四肢的八根长筋拉直，把零星小块筋膜分成八份，分别附在八根长筋上。背最长肌筋膜分成四份，分别包在不带附蹄的四条筋外，使接好的八条鹿筋长短粗细基本一致，整齐美观。在附蹄和留皮处穿一小孔，用树枝穿上挂起来，阴凉 30 分钟，挂到 80℃烘箱内烘干。干燥的鹿筋捆成小把，放入烘箱内烘干附蹄和皮根，全干后入库保存。

典型的梅花鹿筋干品，筋条粗长、整齐，色金黄、半透明，附蹄和皮根完整，皮根不脱毛，无残脂残肉，无虫蛀，无臭味。

七、鹿血酒与鹿血粉的加工

鹿血有鹿茸血和鹿体血两种。鹿茸血是指锯茸时由锯口流出的血液和加工排血茸时由茸内流出的血液。鹿体血又称鹿血，是指宰杀鹿时收集的动、静脉血液。

将新鲜的鹿茸血或鹿血按 1∶5 的比例，倒入 50～55 度的白酒中，装瓶密封保存，即为鹿茸血酒或鹿血酒。也可将凝固的鹿茸血或鹿血切成薄片或小块，连同析出的血清一起放在平整光滑的方瓷盘中，摊成薄层，放在日光下自然晾干，或放在 50～60℃烘箱中烘干，烘烤时切忌温度过高。

鹿茸血酒或鹿血酒是一种含有血细胞、纤维蛋白的酒浸液，上部为橙黄色、透明，下部为血细胞的沉淀，呈暗红颗粒状，振摇后即浑浊。也可将固形物滤掉，成为橙色透明的酒浸液。

优质鹿血粉为片状或块状，紫黑色、有光泽，无杂物，不臭，不霉变。

八、鹿心的加工

将鹿宰杀后，剖开胸腔，结扎出入心脏的大血管。以防血液流失。取下鹿心，去掉心包膜和心冠脂肪，洗净后置 70～80℃的烘箱内连续烘制，使其快速干燥。要掌握好烘制温度，防止腐败和烤焦。干品鹿心质地坚硬，具有特殊腥气，微膻味咸。

九、鹿肝和鹿肾的加工

鹿肝、鹿肾从腹腔中取出后洗净，放入沸水中烫几分钟，至不冒血时取出。切成薄片或整个放入 70～80℃烘箱中烘干，也可鲜用。干品鹿肝表面紫黑色，油脂样光滑，具纵横皱纹，质较轻，坚硬，断面紫黑色或暗红色，气腥膻，味咸。干品鹿肾呈蚕豆形或长椭圆形，左右肾大小不等，表面紫红色，皱缩边缘带有黄白色脂肪，质硬气膻，味微咸。

十、鹿胎与鹿胎膏的加工

鹿胎包括从母鹿腹中取出的未生胎儿和初生数日内的仔鹿。鲜鹿胎主要由胎衣、羊水及包在胎衣内的胎仔组成。胎仔的外形因妊娠期不同而异，5～7月龄鹿胎，胎仔已发育成型。

(一) 鹿胎的加工

1. 酒浸　将鹿胎用清水洗净，晾干毛后放入 60 度白酒中浸泡 2～3 天。也可不用酒浸，直接整形。

2. 整形　取出酒浸的鹿胎，风干 2～3 小时，将胎儿姿势调整成如在子宫中的形态，四肢压在腹下，头颈弯曲向后放于胸下，嘴插在左肋下，呈半球状。之后用细铁丝或细麻绳绑好。

3. 烘烤　将整好形的鹿胎平放在 80～100℃ 的烘烤箱中烘制 2～3 小时，当胎儿腹部膨大时，及时用细竹针或铁丝在两肋与腹侧扎眼，放出气体和腹水。接近全熟时，暂停烘烤，冷凉后取出，放在通风良好处风干。以后风干与烘烤交替进行，直至彻底干燥为止。在烘烤过程中，切不可移动和触摸，以免掉毛伤皮，影响外观。加工成的干鹿胎不分等级，要求胎形完整不破碎，皮毛呈深黄色或褐色，花斑艳丽，纯干、不臭、不焦、无虫蛀，具有腥香气味。剖腹胎、初生胎水蹄明显，哺乳过的仔鹿则无水蹄。梅花鹿胎重不低于 150 克，马鹿胎重不低于 300 克。干胎装入木箱内保存，严防潮湿发霉。

(二) 鹿胎膏的加工

1. 煎煮　先用热水浇烫胎儿，拔去胎毛，用清水冲洗干净。加 15 千克左右清水入锅煎煮至胎儿骨肉分离，胎浆剩 4～4.5 千克时，用纱布过滤骨和肉，胎浆放在通风良好的阴冷处，冷却后呈皮冻状，低温保存备用。

2. 熬膏　先将胎浆入锅煮沸，再将肽粉与红糖按 1：1.5 的比例撒入，搅拌均匀，用文火煎熬浓缩，不断搅拌，熬至呈牵丝状不黏手时，倒入抹有豆油的方瓷盘中，置于阴凉处，完全冷却凝固后切成块，整形包装，即为成品鹿胎膏。

优质鹿胎膏应色黑光亮而富有弹性，切面光滑细腻，无胎毛，不霉败，无异味。

第二节　刺猬的加工

刺猬也叫刺团、猬鼠、偷瓜獾、毛刺等，是一种珍贵的野生动物，全国各地均有少量分布，但野生刺猬资源不足，现已不能满足药用和食用的需要，但可以进行人工养殖，其饲养方法简单、成本低、经济效益高。

一、刺猬的食用及药用价值

刺猬肉是一种肉质鲜美，含高蛋白、高纤维、高矿物质、高维生素且不含胆固醇的上等野味佳肴，并对多种疾病有着防治的作用，如胃病、糖尿病、高血脂、冠心病等30多种疾病。刺猬的心、肝、脑、肾、鞭泡酒饮之，具有提神醒目、醒酒消食、消除疲劳、补肾强身、健身壮骨、美容养颜等功效。

刺猬皮的药用价值更高，刺猬皮古称异香、仙人衣，是一种名贵的中药材，味苦、微甘、性平、无毒，具有行气解毒、消肿止痛、收敛止血、固精摄尿等多种功效。主治痨伤咳嗽、反胃吐食、腹痛疝积、痔漏便血、子宫出血、遗精阳痿、遗尿、尿频、肝硬化、高血脂、血栓等病。刺猬的脂肪可治严重拉（泻）血，涂抹可治秃疮疥癣，有杀皮肤寄生虫之功效。郝硬山用刺猬刺和黄油（酥油）煮酥成膏剂后治疗发癣、皮癣、掌癣，临床效果非常显著；戴立成用刺猬皮喂奶牛催乳，效果良好；谢麦棉发现，食用刺猬皮可治疗前列腺炎；尹秀兰等用刺猬皮治疗小面积烫伤效果良好；李磊发现，用刺猬油治疗痔疮有很好的疗效。

二、刺猬的屠宰初加工

加工刺猬时，可用石碾压刺猬致其死亡或沸水将其烫死，然后将其皮肉分开。或用脚将刺猬踩紧，待其四足微微张开时，用利刀从其腹部纵剖至肛门，脚压紧，使其内脏、爪肉、油脂从创口突出，同时割除4爪，再用脚将其全部脂肪挤出。剥皮后翻开，使其刺毛向内对合，刮净皮内残肉、油脂后，用竹片将皮撑开，悬在通风处阴干，或用小钉将爪钉在木板上。为了防止虫蛀，最好能薄薄地撒一层炉灰或石灰，然后阴干，不可暴晒。将刺猬皮剪去毛，剁成小块，洗净晒干，另取滑石粉置锅内炒热，加入刺猬皮，炒至皮块膨胀、硬刺烫秃，并呈焦黄色时即可取出，筛去滑石粉即成。也可把皮剥下晾干，直接售给医药收购部门。

三、刺猬的食品加工

（一）红烧刺猬

红烧刺猬肉可为人体提供蛋白质、脂肪、矿物质等营养成分，具有滋补强壮的功效。适于体虚羸瘦、乏力、营养不良等病症患者食用。健康人食用更能补益强壮。

1. 原料

（1）主料　刺猬肉 500 克。

（2）辅料　料酒、精盐、味精、酱油、葱段、姜片、花椒水、胡椒粉、辣椒。

2. 制作方法

（1）将刺猬肉洗净，放入沸水锅内焯一下，捞出洗去血污，切块。

（2）锅烧热，投入刺猬肉块煸炒至水干，烹入酱油、料酒煸炒几下，加入精盐、葱、姜、花椒水、辣淑和适量水，烧至肉熟烂，撒入胡椒粉、出锅装盘即成。

（二）炒刺猬肉

刺猬肉与笋片、黄瓜、木耳相合成菜，可为人体提供丰富的营养。具有补虚开胃、润肺消痰的功效。适用于身体虚弱、咳嗽痰多、浮肿等病症患者食用。健康人食用更能强身健体、益智健脑、润肤健美。

1. 原料

（1）主料　刺猬肉 200 克，笋片 50 克，黄瓜 50 克，水发木耳 50 克。

（2）辅料　料酒、精盐、味精、酱油、葱花、姜片、湿淀粉、胡椒粉、花椒水、猪油。

2. 制作方法

（1）将刺猬肉洗净切片。黄瓜去瓤，洗净切片。水发木耳去杂质，洗净撕小片。

（2）油锅烧热、投入葱、姜煸香，放入刺猬肉煸炒，烹入酱油、料酒、花椒、水煸炒几下，加入精盐、笋片、黄瓜片、木耳煸至入味，用湿淀粉勾稀芡，撒入胡椒粉、味精推匀，出锅装盘即成。

(三) 刺猬汤煲

刺猬汤煲属养生保健食品，具有大补元气、补肾健身、养肝明目、抗菌解毒、生津止渴、醒酒消食、防癌抗病、美容嫩肤、增强记忆力、调节血压、血糖、血脂，增强机体免疫力等功效。

1. 原料

(1) 主料 刺猬肉 500 克，龙眼肉 30 克，人参 20 克，山药 100 克。

(2) 辅料 虫草 2 克，野山菌 30 克，野山枣 10 克，枸杞 10 克，精盐、味精、香菜、葱姜若干。

2. 制作方法 将刺猬肉放沸水中焯一下，下清水锅开锅 10 分钟，放入人参、枸杞、虫草、山药、野山菌、野山枣、龙眼肉、葱姜小火炖 40 分钟，然后放入精盐、味精，出锅放香菜、麻油即成。

(四) 五仁刺猬

五仁刺猬属保健养生食品，可控制人体胆固醇含量，降低心脏病、胃病和多种慢性病的发病率。五仁刺猬所含的脂肪是一种对心脏有益的高度不饱和脂肪，并且有大量纤维，可以让人减少饥饿感，对保持体重有益，纤维还有益肠道组织，并可降低肠癌的发病率，还能促进皮肤微循环，使皮肤红润光泽，具有美容养颜、补脾健胃、醒酒消食、治疗病后脱发、降低血糖、补肾强身、治疗腰膝酸软、乌须发、养肝肾、长肌肉、益精血、润五脏、填脑髓等功效，特别适宜脑力劳动者服食。

1. 原料

(1) 主料 刺猬肉 400 克，桃仁 20 克，杏仁 20 克，花生仁 20 克，开心果 20 克，黑芝麻 20 克。

(2) 辅料 葱段、姜片、香菜、韭菜或青菜叶若干。

2. 制作方法 将刺猬肉开袋解冻，剁去四肢，把肉剁成小块洗净。油锅烧热，放入葱、姜煸炒，然后下肉炒至肉香，放一碗热水煮至肉烂，剩少许水时放入桃仁 (熟)、甜杏仁 (熟)、花生仁 (生脱皮) 翻炒，勾稀芡，放入味精、精盐、韭菜或青菜叶点缀，出锅撒入黑芝麻 (炒熟) 即成。

刺猬肉还有几十种不同的做法，如干煸、盐焗、麻辣、烧烤等，并且不同的配料有不同的口味，适合不同的人群。

第五章

爬行动物产品加工 >>>>>

第一节 蛇产品的加工利用

蛇肉具有明显的保健作用，我国民间早就利用蛇入药。开展蛇综合利用，既可做到蛇资源物尽其用，又可提高养蛇业的经济效益，促进养蛇技术的研究。蛇产品的加工利用主要是作为保健食品和医药，还用于工艺品、文体用品等。

一、蛇的宰杀、剔骨工艺

（一）蛇的宰杀、剥皮

我国宰杀蛇的方法各地大不相同，有的杀蛇前，常用酒把蛇醉死或打死，而普遍蛇宰杀和剥皮工艺是：从笼中取出活蛇，用三根手指捏紧蛇头，用尖利小刀在蛇的七寸处划开一道口子，并沿蛇腹中心线剖开，再用小刀环绕蛇颈处将蛇皮划开，然后一只手抓住蛇皮，顺势往尾部方向撕剥蛇皮，最后切断蛇头，即为蛇肉和蛇皮。

（二）剔骨工艺

剔骨分生拆和熟拆两种方法。个体较大而肥的蛇类如灰鼠蛇、滑鼠蛇、三索锦蛇等适用于生拆方法。生拆法是将剥皮除去内脏的蛇，在其肛门两侧紧靠脊柱处，连同肋骨和肉在左右各割一条长约 3 厘米的刀口，然后用手紧握已被割开的两段连肋骨的肉，自尾向头部方向撕成两条，再分离肋骨两侧的一层肉，即可得到蛇的净肉。这时，肋骨内侧还有一层肉，可再作分离。对于瘦小型蛇类不宜用生拆法剔骨，而采用熟拆法。熟拆法是将蛇去头、皮和内脏后放入水中煮 20 分钟左右，水煮具体时间视蛇的大小老嫩而定，然后从头至尾轻轻地拆，逐条拆骨，退骨时不宜用力过大，防止拆断骨头。操作必须趁热进行，否则蛇肉冷却后黏骨而难以撕下，拆得的蛇肉如不立即煮食，应放置冰箱内储藏，防止腐败变质。

二、蛇酒类的加工

利用蛇泡酒来治疗疾病早在两千多年前的《神农本草经》中就有记载。现代中医认为蛇酒具有抗炎镇痛、祛风活络、行气活血、滋阴壮阳、祛湿散寒的作用，能增强人体的免疫力，对治疗类风湿性关节炎、风湿性瘫痪症、中风、伤寒、半身不遂、骨节疼痛、口眼歪斜等症状有明显疗效。

(一) 酒的选择

制作蛇酒的酒应为 50～60 度的白酒，常选用蒸馏酒或配制酒，如高粱等谷类酿制的酒类，如果在蛇酒中另掺入滋补药材，酒的浓度可低一些。

(二) 浸泡方法

最常用的鲜蛇浸泡处理有三种方法：第一种是活蛇浸泡，将蛇清洗后不喂食，饥饿 1 周左右，浸酒前从蛇的胃部开始用拇指勒住，自上而下捋至肛门，将肠内食物排尽，冲洗干净后浸泡；第二种方法是先将鲜蛇肉蒸熟晾干，然后浸酒，其优点是蛇酒无蛇腥味，并有一种特殊的香气，口味纯正，色泽较清，但疗效往往不及第一种；第三种方法是制成蛇干浸酒，可以整条也可切成小段，用蛇干浸泡具有酒色金黄、透明、无腥味的特点，但多次浸泡会发生混浊现象。浸泡后封存的时间至少要 6 个月以上，高温季节可适当缩短。鲜蛇同酒的比例为 1∶5，蛇干同酒的比例为 1∶10，第 1 次浸泡酒可多放一些，第 2 次浸泡酒要相应减少。

(三) 蛇酒的制作方法

1. 活浸法　将活蛇单独关在箱内 1 周左右，不给水和食物，以排空腹内的排泄物。浸泡之前将蛇清洗干净，用洁布抹干水分，最后浸泡在 50～60 度的纯粮白酒中，蛇与酒的比例为 1∶10，即 500 克活蛇可用 5 千克白酒来浸泡。蛇酒在常温下加盖密闭，在阴暗处存放，一般密贮两个月后可饮用，若浸泡半年或 1 年以上，则药效更佳。每条活蛇可重复浸泡 3～4 次。饮用时倾出上层清液，静置过滤即可，可根据病情或个人酒量酌饮。该蛇酒对治疗风湿性关节炎效果特佳。

2. 干浸法　取一条加工好的蛇干，去鳞称重，再浸泡于重量为蛇干重 5～10 倍的 60 度左右纯粮酒中，如北京二锅头、衡水老白干等，密贮 3～6 个月后可取饮。蛇干浸酒有用整条浸泡的，也有切成寸段或粉碎后浸泡的。当然，后者的浸泡时间短于前者，药效也较强，但外观不如前者。

三、鲜蛇肉类的加工

(一) 蛇肉的冷藏

如大量进行蛇的加工，就需进行蛇肉的冷藏。冷冻要通过预冷、速冻，才能进行冷藏。若无预冷间，可装排气扇降温，预冷间温度在 0℃ 上下，最高不得超过 4℃，最低不能低于 −2℃。经 2~4 小时预冷，然后放入纸箱包装。若蛇肉供出口，对冻蛇肉的要求是斩头、剥皮、除内脏，按品种每个纸箱装 15 千克，为了让包装好的蛇肉全部冻结，需要在速冻间（−25℃ 以下）速冻 48 小时，当包装箱内的蛇肉达到 −15℃，即可存入冷藏库。冷藏库的温度保持在 −18~−19℃，使冻肉稳定在 −15℃ 以下，温度不应忽高忽低，否则肉质干枯而且脂肪泛黄，影响质量。

(二) 蛇肉去腥

俗话说："蛇肉好吃，腥味难闻"。蛇肴口味的好坏，关键是去腥臭。去腥臭的方法有：

方法一　在整条蛇或蛇段下锅前，先用开水焯一下，在沸水中翻滚几次后捞出，有去腥的作用。或在烹调时加少许辣椒、白糖、啤酒、料酒、葱白、姜、胡椒粉、陈皮、八角等，均可起到去蛇腥味的作用。

方法二　不用铁器接触蛇肉，尽量做到烹调蛇肉时不用铁锅，这也是有效减少蛇腥臭味的有效方法。

方法三　煮食蛇肉时若加入少量食用甘蔗或鲜芦根同煮（食时弃去），可去蛇腥味。

(三) 蛇菜烹制

蛇菜烹制方法有清炖、红烧、炒、烩、炸、焖、煮等。作为蛇菜所用的原料，既有以蛇肉为主的蛇菜，如"三蛇羹"、"五蛇汤"之类，又有与其他动物原料肉共同烹制者，如蛇肉丝和鸡肉丝烹制而成的"龙凤双丝"，蛇肉、猫肉、鸡肉一起烹制而成的"龙虎凤"，蛇肉和猫肉（可用果子狸等兽类）烹制而成的"龙虎斗"，或用其他野味或山珍和蛇肉搭配。不仅蛇肉可做菜，而且蛇身上的皮也可以入菜。

1. 简易蛇羹 取剥去皮、除去内脏的蛇肉 500 克，拧成数段（不要用刀切，以防切断的骨留在蛇肉中），加猪骨、鸡骨，加水 1 500～2 000 毫升同煮约半小时，取出连骨的蛇肉将骨拆去。将蛇骨用纱布包好，再放入汤内和猪骨、鸡骨同煮约 3 小时，汤浓缩，去骨渣。将上述净蛇肉放入汤内，加入盐、味精、猪油、白糖等调味品，还可放入鸡肉丝、鸭肉丝、木耳丝、冬菇丝等。若要使羹滑爽，可取生粉用冷水调成薄浆和匀于羹中。羹在烹调过程中要加姜丝、陈皮丝，有利于去腥和增味。

2. 红烧蛇肉 通常用个体大的无毒蛇，如乌梢蛇、滑鼠蛇、灰鼠蛇、黑眉锦蛇等，用 1 条或 2 条，取其剔骨的蛇肉，切成寸段备用，锅中倒入荤油，待热至冒烟时将上述蛇肉寸段倒入翻炒。当蛇段的边翘起卷边时，加入黄酒烹之。接着加盐、酱油、葱、胡椒粉等调味品，若有笋片、茭白片等则同时倒入，爆炒片刻，加入两大碗肉汤或清水，用文火烧至肉酥。

3. 宁乡口味蛇

(1) 原料 菜花蛇 1 条约 1 000 克，红尖椒 10 只，红干椒 1 小碗，蒜瓣 1 小碗，八角、桂皮、香叶、适量，茶油、盐、辣子酱、高汤、鸡精适量，水淀粉少许，蚝油 2 大勺，香油 1 大勺。

(2) 制作方法 菜花蛇经剥皮处理干净后，将蛇肉斩成长 6～7 厘米的段，红尖椒切成约 5 厘米长的段，红干椒随意切小段。开锅倒入茶油，下蛇肉爆炒至色黄后盛出，余油下蒜瓣、干红椒、八角、桂皮、香叶炒香，下辣子酱炒出红油，再倒入蛇段大火翻炒片刻，让所有的蛇段都裹上汁，倒入高汤烧开后改用中小火煨至七成烂。将锅里的八角、桂皮、香叶拣出，把红尖椒下锅，调盐味，加水淀粉、淋蚝油、撒鸡精大火收汁，最后淋香油即可。

4. 二龙戏珠

(1) 原料 三索线蛇 2 条，白鸽蛋 1 个，虾胶 500 克，鸡柳肉 80 克，蛇茸 50 克，火腿茸 25 克，冬菇丁 25 克，生粉 10 克，盐 10 克。

(2) 制作方法 三索线原条蛇皮由头部剥到尾部，用小刀割开颈皮，切断颈骨，取出原条蛇肉，余皮连接头部。将虾胶、蛇茸、鸡柳肉、火腿茸、冬菇丁放入碗内，搅拌均匀成馅，放入冰箱待用。在原条蛇皮的中间，用刀割开后在皮内拍上生粉，从刀口处填入馅料，然后把刀口封闭。在蛇皮上扎针，再放入汤钵内，用文火烹制 15 分钟左右即可。冷冻后切成厚 3 厘米的蛇段，摆回原蛇形，铺在玻璃盘中。将白鸽蛋煮熟后剥掉外壳，放于两条蛇的头之间。

(3) 特色 款式新颖奇特，造型生动别致，龙衣嫩滑艳丽，馅肉鲜美爽口，色香味形皆妙。

5. 龙虎斗

(1) 原料 蛇肉、猫肉、鸡丝、水发鱼肚、冬菇、木耳、姜丝、葱、熟猪油、绍酒、柠檬叶丝、白菊花、薄脆饼。

(2) 制作方法 把经过处理的蛇加水煮熟，捞出拆取蛇肉，将原料猫加清水、姜汁、白酒、葱煮熟取出拆肉；将拆出的蛇肉，猫肉撕成细丝，用姜、葱、精盐、绍酒煨好；鸡丝用蛋清、干淀粉少许拌匀，在四五成热的锅内快炒后迅速取出；将蛇肉、猫肉、鸡丝、鱼肚、冬菇、木耳、陈皮放入炒锅，加鸡汤、蛇汤、绍酒、精盐烧滚后小火稍烩，燃后用旺火烧开，用湿淀粉少许勾稀芡，加熟猪油、麻油各少许，出锅并倒入大汤锅上桌；白菊花、柠檬叶丝和薄脆饼分别装成两碟随菜上桌。

(3) 功效 具有祛风活血、除疾去湿和滋阴的功效。

6. 九制大皇蛇

(1) 原料 大皇蛇 1 条（1 500 克），柠檬、香味、陈皮、八角、桂皮、茴香、罗汉果各适量。

(2) 制作方法 取大皇蛇斩成 8～10 厘米的蛇段，加柠檬、香味、九制陈皮、番茄沙司、八角、桂皮、茴香、罗汉果，上笼蒸 25 分钟左右待用。将九制陈皮剁碎，加番茄沙司调匀成汁。将煮酥的蛇段投入汁中腌制 15 分钟，上笼蒸 5～8 分钟即可。

(3) 特色 香味浓郁，口味鲜嫩，味觉丰厚。

7. 龙凤呈祥砂锅

(1) 原料 乌骨鸡 1 只（约重 1 000 克），大王蛇 1 条（约重 700 克），花菜 200 克，黄芽菜 200 克，芹菜 100 克，精制油 100 克，味精 20 克，鸡精 10克，胡椒粉 5 克，料酒 20 克，白汤 2 500 克。

(2) 制作方法 乌骨鸡宰杀后去毛和内脏，斩成 5 厘米长、2 厘米宽的条，大王蛇宰杀后去皮、内脏、头尾，斩成 7 厘米长的段并与鸡条一同入汤锅热烫 30 秒后捞起。花菜、黄芽菜、芹菜洗净后装入砂锅内待用。炒锅置火上，下油加热，放鸡条和蛇段，煸香。掺白汤，放味精、鸡精、胡椒粉、料酒烧沸，去尽浮沫。

8. 巴国辣香蛇

(1) 原料 蛇肉 500 克，辣椒（红椒、尖椒、干椒）25 克，花椒 2 克，盐 8 克，姜 10 克，大葱 15 克，味精 2 克，胡椒 2 克。

(2) 制作方法 将活蛇宰杀，去内脏、鳞甲，宰断主骨，盘成圆形；用牙签别住定形，入锅除去血水待用；锅中打葱油，加鲜汤、辣椒、花椒吃味，制成麻辣卤汁；将盘好的蛇放入卤汁中，卤至入味，软时捞起；走菜时去掉牙签，放入盘中围上番茄叶，淋上少许麻辣汁即可。

9. 红煨带皮蛇

（1）原料 草蛇1 000克，植物油50克，精盐、味精各4克，料酒10克，蚝油25克，辣酱20克，八角、桂皮、草果各2克，干椒25克，姜、葱各10克，香油5克。

（2）制作方法 将草蛇宰杀，放入80℃温水中略烫，煺去粗皮，剪开蛇腹，去除内脏，清洗干净后剁成5厘米长的段。姜切片，锅置旺火上，放入植物油，烧至七成热，下入姜片、蛇段、料酒煸炒至熟，再放入上述调料、香料，加入鲜汤，用高压锅蒸5分钟至蛇肉软烂，拣去香料，倒回炒锅内，旺火收干汤汁，淋上香油，出锅装盘即成。

10. 翡翠龙衣

（1）原料 蛇皮200克，莴苣300克，精盐5克，大蒜6瓣，味精3克，麻油10克，醋20克，葱、姜少许。

（2）制作方法 将莴苣去皮切成像眼片大小，放入开水锅里焯一下，捞出放入冷开水中至凉，大蒜剥去皮捣成蒜泥备用。将蛇皮放入高压锅内蒸熟，捞出切成像眼片大小待用。蛇皮、莴苣放入盆内，加入精盐、醋、味精、麻油、蒜泥拌匀即成。

四、干蛇类的加工

蛇干系用整条鲜蛇去肠杂后干燥而成，蛇干的质量以色淡无血污、无霉变和虫蛀、腥而不臭、无火烤焦斑痕、个体大而肉厚、花纹明显者为佳品，但这只是针对成年蛇的蛇干，如果是"金钱白花蛇"，按规格则以盘成圈后似银元大小者为佳品。

（一）蛇饼

将蛇处死后，剖腹除去内脏、脂肪和血污，以头居中往外盘圈。尾之末端放入相邻一圈的腹内或是将蛇尾绕经腹面从蛇头旁穿出，令尾梢衔于蛇口。五步蛇、乌梢蛇、银环蛇、眼镜蛇等大多用这种方法制作。较大的蛇在盘好圈后，还以细竹签插入蛇体内予以固定，其插法做十字形或米字形。将蛇盘好后置通风处自然晾干。烘时火力应恰当，腹面应向下使之易干，火过旺易烤焦。

晾前也有用 50 度以上粮食白酒浸泡数小时的，目的在于防止干燥过程中变质。

但"金钱白花蛇"是用银环蛇幼蛇制成，其制法略有不同。它是用幼银环蛇从孵出经 7～10 天第一次蜕皮后，体色变得鲜明夺目，这时将它浸入 50 度以上粮食白酒中醉死，或以小棍轻敲其头颈部使其昏死过去，敲时慎莫损皮，以免影响商品外观。然后，右手捏头，左手持剪从蛇颈刺入。沿腹面正中将其腹部剖开，剪开直至蛇的泄殖腔，取尽其全部内脏，食管及喉管可用剪刀横挑断之。也有人一手执尾，另一手自泄殖腔向前剪去而剖开腹部。接着是盘圈，这个环节很重要，因为"金银白花蛇"的商品等级是以圆圈直径的大小为一个指标。盘圈的方法是：将蛇腹朝下放于大平砖上，右手捏蛇头，顺时针方向将蛇身一圈一圈地紧挨着盘绕，相邻处没有缝隙也没有重叠。临末，将蛇尾经腹面从蛇头旁穿出，以尖物撬开蛇口令其成衔状，尾尖略外露，但勿向外翘出，以免干后易被折断。盘好后即可烘干，切忌烤焦，火力掌握务必适度。烘干的具体方法为：将盘好的蛇依次排列于清洁的大型平砖上，为了防止烘时改变形态，在上面再盖大型平砖，然后下面生炭火加热。初时火可略大，到后期蛇体大部分干燥时，去掉上面盖砖再用文火烘干。干透后放冷，再单条，或十条，或五十条，甚至百条为单位装入塑料袋中，以电烙铁或烛火烫封袋口。理想的成品，透过薄膜即可见到其外观为蛇体条纹清晰，黑白分明，盘圈均匀，圈与圈相邻处既无重叠又无空隙，无变形与焦痕。制"金钱白花蛇"，不插竹签的，熟练的加工者 1 天可加工 200～250 条。

（二）盘蛇

对于个体大而名贵的五步蛇等，加工中除用以上法外，还有采用此法的：将蛇剖腹去尽内脏后，用竹片——将蛇腹部撑开成扁片状，使其头居中，依次向外盘圈，圈与圈之间的腹部边缘相邻接处缀以白线。烘干后形成远大于蛇饼的圆形片状物。这种加工方法比制蛇饼费时，但商品外观别具一格，干燥也比较容易。

（三）蛇棍

将蛇去肠杂后拉直，然后烘干或晾干。此法加工简单，像海蛇等大宗蛇类加工时尤感方便。以上几种制品均连有蛇皮，但也有蛇干剥皮的，如蝮蛇的蛇棍就有剥皮后干燥的，为易于鉴定蛇种，头部的蛇皮应予保留。干燥时头部因有皮而不易干，需多烘一下，或蛇身干后将蛇头集中一处再行补烘。

（四）蛇粉

蛇粉的生产大体有直接干燥粉碎法和冷冻干燥粉碎法两种。

1. 直接干燥粉碎法 生产蛇粉的原料最好使用活蛇。蛇剖杀后，清洗蛇体污物，甩干水分，然后放入安装了鼓风设备的烘房或烘柜内。烘烤时，蛇条不能堆得太厚，各堆之间要留一定的距离，使温度、湿度均匀，气流有一定流速，温度保持在 120℃左右，烘至疏松易碎为止。烘好的蛇干冷却后，立即送入粉碎机粉碎，然后在无菌操作室内装入胶囊包装贮存。

2. 冷冻干燥粉碎法 将蛇肉搅碎成浆，放入冷冻室冷冻至 0℃以下，再放置于高度真空的冷冻干燥器内，在低温、低压条件下，蛇肉中的水分升华，从而使蛇肉干燥。具体操作方法为：将蛇剖杀，除去内脏，用水冲洗干净，立即置于 -10℃以下冷库中冷藏，然后用绞肉机绞碎，搅拌均匀，摊成薄层铺于盘中，送入冷冻干燥机内在 -10℃下预冻，冻结后，开启真空干燥机并把温度调节为 -30～-25℃。于干燥箱内用电热逐渐将蛇肉加热至 50℃，约 36 小时后可出箱粉碎。

五、蛇皮的加工

（一）蛇蜕的加工

蛇蜕又叫龙衣、青龙衣、蛇退、蛇壳等，是蛇在生活周期中自然蜕下的体表角质层，而蛇皮是杀蛇时从蛇身上剥下来的皮。蛇蜕全年皆可收集，以 3～4 月间最多，从山区的地上或树上拾取，抖净泥沙即可。

1. 蛇蜕入药 蛇蜕的原动物极多，凡银白色或淡棕色蛇蜕均可入药，目前商品多是乌风蛇、黑眉锦蛇及锦蛇的蜕皮。

（1）原料选择 以圆筒形的半透明皮膜，长 30～60 厘米，常压扁或稍皱缩；背侧银灰色，有光泽，具菱形或椭圆形鳞片，腹面有一排横长的椭圆形鳞纹，内面平滑而富有光泽；质轻柔、易破碎、气微腥、味淡或微咸；色白、皮细、条长、粗大、整齐不碎、无泥沙杂质者为佳。由蛇体上剥下及受雨露侵蚀腐烂之皮不能入药。

（2）炮制 先用清水洗净，晒干，用黄酒喷匀（每 100 千克用酒 5 千克），置锅内加热微炒至变黄色取出即成。

（3）主治 惊痫、咽喉肿痛、疥癣、目翳等症。

（4）用量 3.5～7 克。

（5）使用方法

①喉痹肿痛　将蛇蜕烧研为末，乳汁送服 5 克。

②缠喉风疾，呼吸困难　将蛇蜕（炙）、当归等分别研为末。温酒送服 5 克，得吐即为有效。

③小儿重舌　用蛇蜕研末，调醋敷涂。

④小儿口紧（不能开合、不能饮食）　用蛇蜕烧灰敷口内（先将口洗净）。

⑤小儿头面生疮　用蛇蜕烧灰，调猪油敷涂。

⑥小儿埑血　用蛇蜕烧灰，乳汁调服 2.5 克。

⑦目生翳膜　将蛇蜕条洗净，晒干剪细，和白面做成饼，炙成焦黑色，研为末。每次服 5 克，1 天服 2 次。饭后服，温水送下。

⑧小便不通　用全蛇蜕 1 条，烧存性，研为末，温酒送服。

⑨肿毒无头　用蛇蜕烧灰，调猪油涂搽。

⑩恶疮似癞，年久不愈　用全蛇蜕 1 条烧灰，调猪油搽疮。另烧蛇蜕 1 条，温酒送服。

⑪白癜风　用蛇蜕烧灰，调醋涂搽。

2. 酒蛇蜕的制作

（1）原料选择　选择黑眉锦蛇、锦蛇或乌梢蛇等，在春末夏初或冬初采集蛇蜕下的表皮膜，除去泥沙，干燥。从中优选出背部银灰色或淡灰棕色，有光泽，鳞迹菱形或椭圆形，衔接处呈白色，略抽皱或凹下；腹部乳白色或略显黄色，鳞迹长方形，呈覆瓦状排列；体轻，质微韧，手捏有润滑感和弹性，轻轻搓揉，沙沙作响的蛇蜕。

（2）炮制　将蛇蜕剪切成段，用蛇蜕重量十分之一的黄酒将其湿润，再用文火在锅中炒到微干，到色呈微黄时取出备用。

（3）主治　祛风、定惊、解毒。

（4）用途　小儿惊风、抽搐痉挛、翳障、喉痹、疔肿、皮肤瘙痒。

（5）用法用量　直接服用 2～3 克，研末吞服 0.3～0.6 克。

3. 煅蛇蜕的制作　将蛇蜕刷净剪成小段，用黄酒洗去蛇蜕上的泥沙，黄酒与蛇蜕的比例为 1∶10，待蛇蜕完全拌匀后，置于罐内加盖并用泥封固，再用文火煅约 1 小时，次日启封，色呈朱黄色时取出晒干，将炮制的蛇蜕贮存于陶器中备用。

（二）蛇皮的加工

蛇皮是杀蛇时从蛇体表面剥离下来的，它合表皮和真皮为一体。剥皮时，先将蛇头斩落，从腹面正中分开，待剥开一点边后，再用力扯住蛇皮，自前往后，均匀用力，缓缓地往蛇尾方面撕扯，即可将整张蛇皮剥下。对皮肤有损破的活蛇，不要用力过猛，避免将其扯断或撕裂。蛇皮经迅速干燥后，原花纹色斑应保持不变。蛇皮的主要用途有医学、乐器、日用工艺品和制革等。适合制革用的蛇皮为王锦蛇、黑眉锦蛇、灰鼠蛇、棕黑锦蛇、眼镜王蛇、五步蛇和蟒蛇等大型蛇的蛇皮。

1. 蛇皮的剥制方法

（1）条片状剥皮法 将蛇处死后，腹面朝上，拉直放平整，从头部将皮剖开，一直剖到肛门后 5～6 厘米。剥出头皮后用手扯头皮，徐徐地自颈部拉向尾部，即得整张蛇皮。肛门后的皮留约 5 厘米即可，其余可除去。剖皮时，应力求作直线切开。剖皮因下刀部位的不同而有"肚皮"和"背皮"之分。"肚皮"是从腹面正中剖开，而"背皮"是指从背部正中剖开，此种剥皮法多用于个体较大的蛇。绷皮和干燥的办法是：先平放 1 块长条木板在地上，铺蛇皮于板上，内侧朝外，在木板上将蛇皮拉直后，于蛇皮两边密钉小钉，每隔约 1 厘米布 1 钉，绷皮时宜绷正绷紧，并使蛇皮在此状态下固定并晾干。在剥皮过程中力求将蛇皮绷紧，每布 1 钉宜拉紧，钉到后来若发现早钉的地方变宽松时，对宽松处可做校正。以日晒使皮干燥，但忌在烈日下暴晒，因暴晒会使皮张猛缩而使钉子脱落。持续阴雨天则不宜对蛇皮进行加工。充分干燥后卷成筒形，内撒樟脑粉，以防虫蛀、发霉和腐败变质。

（2）筒状剥皮法 这种方法多用于剥小型蛇的蛇皮。用脚踏或绳扎来固定蛇的头部后，以尖利小刀环割蛇的颈皮，然后用手捏住蛇的颈皮，自头往尾方向用手勒之，除肛门处与皮相连需割开分离外，蛇皮会由里向外翻出，能剥得 1 条长筒状蛇皮。筒状蛇皮干燥的办法是：在筒内充入干燥的细沙，使之均匀拉展、外形匀称后晾干。由于内面朝外，所以蛇皮容易干燥，干后将细沙倒去即可。此法操作速度慢，且在翻皮过程中一不小心易将蛇皮拉断。

2. 蛇皮制革工艺

我国很早就用蛇皮作为乐器的琴膜和手鼓皮。蟒蛇皮厚而质地坚韧，适宜用来制作二胡、四胡、大胡等乐器的琴膜。

（1）工艺流程

浸水→浸灰→去杂→脱灰→浸酸→鞣制→加脂→固定→涂底

（2）制作方法

①挑选长短、大小、厚薄一致的蛇皮堆放在一起，按部位分割。

②为使蛇皮充分吸收水分，浸泡蛇皮的清水为蛇皮的质量的 3～5 倍，加入 0.2% 的润滑剂和防腐剂，如制作乐器，则加入蛇皮体积 2 倍以上的硝灰液

或 1/5 体积的石灰水，20℃条件下浸泡 20～24 小时。

　　③用刮板、腻子刀或竹片刮去蛇鳞和蛇皮内面的污物，从头开始刮除，用力要柔和、均匀，以免刮破蛇皮，然后再将蛇皮冲洗干净。

　　④用适量 4％的硼酸配成脱灰液，将蛇皮浸泡 4～5 小时，取出后用水洗净并控干水分。

　　⑤甲酸 5％、硫酸 1％，将硫酸按 1：10 的比例兑水稀释，分 4 次加入，间隔时间在 20～25 分钟。

　　⑥一般用植物鞣剂，如用落叶松、柳树的浸膏鞣制。

　　⑦用加脂剂，同时应加入适量鞣酸。

　　⑧加入蛇皮体积 8～9 倍的热水（55℃），再加 0.5％体积的甲酸，同时翻动蛇皮半小时。

　　⑨用 2.5％羧甲基纤维素、甲基戊酮醇和沸水制成混合物涂于蛇皮表面，而后将蛇皮贴在玻璃板上干燥，第二天揭下并打磨肉面，上光染色即成蛇革。

六、蛇毒、蛇胆加工

（一）蛇毒采集与制备

　　蛇毒是从毒蛇的毒腺中分泌出来的一种毒液，含有复杂的毒性蛋白质，还含有多种重要的酶类，这些蛋白质、多肽类物质和酶有重要的毒理作用和药理作用。

　　1. 蛇毒的一般性状　新鲜蛇毒呈蛋清样的黏稠液体，具有特殊的腥味。蛇毒的色泽因蛇种不同而异，五步蛇毒、圆斑蝰蛇毒呈白色，银环蛇毒呈灰白色，眼镜蛇毒呈淡黄色，蝮蛇毒、烙铁头蛇毒、眼镜王蛇毒、金环蛇毒呈金黄色，竹叶青蛇毒呈黄绿色。蛇毒加热至 65℃以上易被破坏，但眼镜蛇毒经100℃加热 15 分钟，仍能保持部分毒性，非经久煮不能破坏。一般蛇毒置常温下 24 小时后即腐败变质，丧失其毒性，而在冰箱中其毒性可保持 15～30 天。蛇毒经真空冻干后即成松脆易碎的半透明固体，色泽不变。干蛇毒置于干燥器皿或密封于安瓿中，在室温中可放置几年甚至 50 年仍能保持毒性和抗原性。蛇毒的主要成分是蛋白质，具有蛋白质的一般通性。蛇毒经加热或紫外线照射会产生絮状沉淀，导致毒性部分或全部丧失。强碱、强酸、氧化剂、消化酶、重金属盐、酒精、酚类均能破坏蛇毒毒性。蛇毒能被蛋白酶水解，经甲醛处理会丧失毒性，但抗原性仍能保留。

　　2. 蛇毒的采集方法

　　（1）咬皿法　采毒工具可用小玻璃杯、小瓷碟、瓷匙、培养皿等。操作方法：以左手提蛇颈，让蛇身自然放置在工作台的台面上，注意减少对蛇身的刺激，防止其扭动。右手把取毒工具送入毒蛇口内，让其咬住取毒工具，毒液便从毒牙滴出，等停止排毒后取出采毒工具。如不排毒，可用拇指、食指顺着毒腺由后向前适当挤压，直至蛇毒基本排完为止。采毒完毕，在蛇口部和毒牙处涂少许紫药水，以防感染，然后把毒蛇放入蛇舍，注意饲养管理。15～20 天后进行第二次采毒。

　　（2）挤压取毒法　左手握紧蛇颈部，放低蛇头，然后用右手的食指和拇指在两侧毒腺部位由后向前推动挤压，毒液即能从蛇的毒牙流出。在取毒时必须小心将蛇头对准盛毒容器，使流出的毒液全部收集在盛蛇毒的玻璃管中。

　　（3）断头取毒法　此法适用于蛇的综合利用或要宰蛇时用。把要宰的毒蛇用利刀砍下其颈部（约 10 厘米长），将蛇头固定在小木板上，用手术刀解剖其头部，摘出毒囊，然后用手指挤压毒囊，让毒液流入小瓷碗内，挤压时要避免过度用力，以挤出透明毒液为度。

　　3. 干蛇毒的制备

　　（1）真空干燥法　将冷藏的蛇毒移入真空干燥器内，同时在干燥器中放入干燥剂，如硅胶和氯化钙，并在其上铺一层纱布，密封，抽气，在抽气过程中如发现大量气泡在蛇毒表面出现，应暂停抽气，防止气泡外溢，暂停片刻后继续抽气，如此反复多次，直至抽干，再静置 14～24 小时，通过真空干燥的蛇毒，呈大小不等的结晶块或颗粒，即成干燥的粗蛇毒。

　　（2）真空冰冻干燥法　将整个真空干燥器放置在一个大的冰桶中，桶底干燥器周围填满蛇毒小块，再进行抽气，真空干燥。亦可将蛇毒先放置在冰箱中，冻成块后再进行真空干燥。

　　（3）低温真空冰冻干燥法　冷却剂使用干冰（即固态二氧化碳），此法虽然更能保证干蛇毒质量，但技术和设备要求很高，仅宜在条件较好的研究单位采用。

　　4. 干蛇毒的保存　干蛇毒吸水性强，不耐热，在高温、潮湿、阳光的影响下，均易变质失去酶的活性。保存时要注意做到妥善盛装、低温冷藏、避免光线照射、防潮防湿。每隔 1 年左右干燥 1 次，以确保干蛇毒的质量。

　　（二）蛇胆采集及加工

　　1. 蛇胆采集方法

　　（1）活蛇采胆　将蛇从笼中取出后，以两脚分别踩住蛇的头和尾，然后在蛇的腹面从吻端到肛门之间的中点或略偏后处，用食指顶住蛇背，以拇指自前向后按捺，用左手把蛇胆紧按使其不滑动，并在该处腹面以尖利的小刀割开一道长2～3厘米的刀口，挤按刀口，胆就从刀口脱出。取胆时应剥净包住胆囊的油膜，分离出细小的胆管，留长约2厘米的胆管于蛇胆上，将胆管打上一个结，或是用细线扎住，使胆汁不致流出，以保护胆的完整性。蛇胆可保存于50度以上的粮食白酒内，酒量以盖过胆面为宜，此种胆叫做"鲜胆"。

（2）杀蛇取胆　将蛇宰杀，腹面全部剖开后直接取出蛇胆。

（3）穿刺抽胆法　为了确保蛇能健康成活，取胆汁时最好能由两人相互配合操作，探明胆囊位置后，稍加压力，使胆囊在腹壁微凸，用75％酒精将该处蛇皮消毒，将注射器针头垂直刺入胆囊内，缓缓抽出胆汁，视蛇体大小，每次可抽取0.5～3毫升胆汁，以不抽尽为宜，将抽出的胆汁装入消毒过的玻璃瓶内，经真空干燥处理，即获得黄绿色的结晶体。穿刺抽胆汁后隔1个月再进行第二次抽取胆汁。

2. 蛇胆的加工　人们在服用蛇胆时，除吞食新鲜蛇胆外，大多数是服用蛇胆的一些加工品。

（1）蛇胆酒　一般用鲜胆。杀蛇后取出的蛇胆用水洗净血污，在少量酒中浸洗5分钟左右，放置在已准备好的盛有50度以上粮食白酒的酒瓶中，用酒量不宜多，以达到能防止变质的较小量为度。一般放1～2枚蛇胆，三蛇胆酒应放品种各异的3枚蛇胆，五蛇胆酒则放5枚不同种类的蛇胆，3个月后可饮服。

（2）蛇胆汁酒　取鲜胆1～2枚剪开，将蛇胆汁放入500毫升50度以上的粮食白酒中，一般现泡现喝。

（3）蛇胆真空干燥粉　将获取的鲜胆汁放入真空干燥器，抽真空令其干燥，得到的绿黄色结晶粉末即成，装瓶或装袋备用。

（4）中成药蛇胆制剂　蛇胆汁配以中药制成丸剂，如"蛇胆追风丸"就是将川贝、半夏、陈皮、天南星、胡椒等的细粉末，拌入胆汁或事先泡于白酒中的蛇胆汁，将其晾干即为"蛇胆追风丸"。在一定的散剂中，蛇胆汁的用量有其固定的比例，如"蛇胆川贝液"、"蛇胆陈皮"，就是1份蛇胆汁配以6份川贝或陈皮，相互混匀后干燥，经研细、过筛而成。

（5）蛇胆干　将蛇胆晾干或文火烘干而成。如果采用烘干方法，火切忌猛烈，否则会引起蛇胆破裂。若放在玻璃上晾干，应在未干时经常翻动，等到胆皮干燥时即可，不过切忌把蛇胆放在纸上晾干，因为这样会使蛇胆黏着在纸上难以取下。

七、其他蛇产品的加工利用

（一）蛇血的加工利用

以蛇血治病在我国有悠久的历史。南方民间认为蛇血能够治病，故常饮用活蛇滴出的血。

加工利用方法：将活蛇洗净挂起，再将蛇尾剪去约3厘米，服用者嘴对蛇尾剪口处吸血。另一种加工利用方法是将鲜蛇血冲酒饮服，即将蛇吊起，截去蛇尾后以碗接血，冲入等量的酒备用。如先将鸡蛋2枚，白糖100克，姜15克加水适量煮熟，然后倒入新鲜蛇血酒混匀后服下，可用于治血虚、补血、活血、抗心力衰竭。用蛇血治病国外也有应用，如印度尼西亚人认为饮蛇血有利于保健，可使皮肤光润嫩滑，泰国人认为眼镜蛇血是一种"最猛烈的催情药"，具有极强的促进性功能的作用，是该国"情人节最畅销的物品"。

（二）蛇蛋的加工利用

蛇卵入药，古代医书并不多见，李时珍在《本草纲目》中只提及将乌梢蛇卵配以其他药物制成药丸可治疗麻风病，功效和蛇肉相同。

加工利用方法：取怀孕母水蛇，剖腹取其卵，加入水和酒共煮，连汁食用。我国南方以蛇蛋盐渍后，加少量米，再用文火煮粥食用，可治赤白痢。

（三）蛇鞭的加工利用

蛇鞭即公蛇的生殖器官，包括两只性腺睾丸、两条交接器，其睾丸平时藏卧于泄殖腔往后的2～3厘米处，它含有雄性激素、蛋白质等成分。蛇鞭所含补肾物质要比鹿鞭高出10%，比海狗肾、狗肾要高出30%以上，蛇鞭具有补肾壮阳、温中安脏的功能，可以治疗阳痿、肾虚、耳鸣、慢性睾丸炎、妇女宫冷不孕等。蛇鞭加入其他补益中药，药效更佳，可起到补血养精的作用，对于男性精液少或含精量低、成活率差，以及精子活力低所致的不孕症，女性内分泌紊乱、排卵差，以及继发性闭经和经量少所致的不孕症均有疗效。

1. 蛇鞭的摘取方法　蛇被宰杀时，脚踏蛇肛门下端，让蛇排尽粪便，同时翻伸出蛇鞭，这时脚下再稍微用力，使蛇鞭完全露出，在完成斩头、剖腹、取胆后，用剪刀将蛇鞭剪下即可。注意剪蛇鞭时用力要稳，不要将一对蛇鞭剪散。

2. 加工利用方法

（1）蛇鞭干　蛇被宰杀后，剖腹及切开尾部，将其睾丸连同交接器一起取出，洗尽血污控尽水分，将蛇鞭悬于通风处晒干或烘干即可。

（2）蛇鞭散　将烘干后无虫蛀、无霉变的蛇鞭研至极细的粉末，按小型包装要求进行真空包装，贮存。

（3）蛇鞭酒　取新鲜蛇鞭或优质蛇鞭干，直接泡于 50 度以上的粮食白酒中，若 3 个月后饮服，则还可再浸泡 1 次，若 1 年后饮服，则无再浸泡的必要。

（4）蛇鞭丸　将蛇鞭加入有益的药物，如枸杞、鹿茸、熟地、淮山药、巴戟等，炼蜜为丸子。

（四）蛇油的加工利用

蛇油是剖腹时从蛇体内剥离的脂肪，在锅中熬炼所得。蝮蛇油含有 12 种脂肪酸，主要有亚油酸、亚麻酸不饱和脂肪酸，其他脂肪酸有甘油棕榈酸等。其中，含量最多的是亚油酸，它有防止血管硬化的作用。蛇油是一种既富有营养又利于保健的物质，但其腥味很浓，一般人不爱吃，多作外用药。在国外，运动员喜爱以蛇油膏擦身，我国中医或民间喜用蛇油治病保健。将冰片研成粉末，调入蛇油中敷患部，如冻疮、烫伤、皮肤皲裂、慢性湿疹等，疗效颇佳。将蛇油脱色、除腥、脱脂后加入"珍珠霜"、面油等护肤品，可防止皮肤开裂，止痒及治疗冻疮。当开水、火、油等烫伤时，立即擦蛇油，可很快止痛，不起泡，轻伤擦 1～2 次，重伤多擦几次即愈，且愈后不留疤痕。

（五）蛇骨的加工利用

取蛇骨适量，置于瓦上焙黄，研末后再烘焙，让其转黑成炭。研末用红糖水送服，每日 2～3 次，每次 3～10 克，可以治疗久痨体虚、痢疾、疔疮。

（六）蛇内脏的加工利用

蛇内脏如肝、肾等均有丰富的营养成分，但有寄生虫，需熟制后食用，可以作为滋补品。

（七）蛇舌的加工利用

民间有人用蛇舌浸泡成药酒，或直接吞服，其治疗疼痛的效果特别好。

第二节 螺产品的加工

一、田螺肉的加工

田螺是一种栖息于湖泊、池塘、水田和缓流中的腹足纲动物，壳略呈圆锥形，壳面光滑或具有纵向的螺肋。其肉白嫩细腻，经烹饪，鲜香无比。田螺所以被称为美食，不仅在于肉质鲜香肥嫩，味美可口，而且也在于其含有丰富的营养成分。其蛋白质含量比牛肉高，还含有人体必需的 8 种氨基酸，而其脂肪含量仅为 1.2‰～1.5‰，且每 100 克田螺含钙达 1 357 毫克。此外，田螺还含有丰富的碳水化合物、无机盐及多种维生素等。

（一）田螺肉菜肴的加工

1. 五香螺肉饼

（1）原料 田螺 1 500 克，面粉 60 克，吉士粉 50 克，五香粉 10 克，鸡蛋 3 个，面包糠 200 克，青蒜末 20 克，姜片、葱节、精盐、黄酒、胡椒粉、味精适量，色拉油 1 200 克（实耗 80 克）。

（2）制作方法

①田螺洗净，放入加有姜片、葱节、黄酒的冷水锅中，煮至田螺盖壳脱落时开火捞出，取肉洗净。

②干净田螺肉切成细粒，入盆并加入精盐、胡椒粉、黄酒、五香粉、味精、青蒜末，用力抓码入味 10 分钟，再加入面粉、吉士粉拌匀，捏成圆形剂子，沾蛋清液后再沾面包糠，压扁成螺肉饼生坯。

③净锅上火，注入色拉油至五成热，下螺肉饼生坯炸至成熟捞出，待油温回升时，复炸至外表色呈金黄，倒出沥油，装盘即可。

2. 田螺酿肉

（1）原料 田螺 200 克，猪里脊肉 75 克，香葱 15 克，姜 2 片，蒜片 10 克，盐适量，绍酒 1 大匙，香葱 10 克，姜汁 1 小匙，鸡精 1 大匙，味精适量，料酒 10 克，蚝油 1 大匙，白糖 1 大匙，香油 1 小匙。

（2）制作方法

①田螺洗净，放入锅内氽烫一下捞出，放凉后用竹签挑出田螺肉，去尾部待用，香葱切段。

②将猪里脊肉洗净和田螺肉一起剁成末，放入调味料调成馅。

③将肉馅塞入田螺壳内，逐个放入器皿中，加入香葱段、姜片、料酒、水，放入蒸锅中蒸3分钟。

④将调味料兑汁待用，炒锅内放底油烧至六成热，放入酿好的田螺急火炒几下，烹入兑好的调料汁旺火炒匀，淋上香油盛入碟内即可。

3. 酸辣田螺肉

（1）原料　田螺肉600克，泡椒40克，西芹30克，糟辣椒10克，泡姜15克，盐2克，白糖10克，水淀粉20克，食用碱10克，料酒15克，色拉油60克。

（2）制作方法

①田螺肉洗净后打上深1.5厘米、间距为0.1厘米的菊花花刀，用食用碱腌渍10分钟，洗净食用碱后放入沸水中大火汆水2分钟，取出后用清水漂洗多余的碱沫。

②西芹对折后撕去皮筋，洗净后斜刀45°切成长2厘米的段，泡姜洗净后切成象牙片，糟辣椒剁细。

③锅内放入色拉油，烧至七成油温时下入螺肉，大火爆炒2分钟后出锅、滤油，锅内留油40克，烧至七成热时下入糟辣椒，中火煸炒出香味，放入泡椒、泡姜、西芹翻炒均匀后，用盐、白糖、料酒调味，再放入螺肉大火翻炒2分钟，用水淀粉勾芡后翻匀出锅，即可装盘。

（二）田螺软罐头的加工

1. 原料

（1）田螺　采用取自无污染水域的鲜活带壳田螺，清洁无污物，大小为每只横径在20毫米左右。

（2）姜　新鲜饱满、组织脆嫩、含粗纤维少、无霉烂、香辣味强。

（3）食用精盐　含氯化钠98.5%以上。

（4）料酒　色黄、澄清、醇味正常，含酒精12度以上。

（5）白砂糖　一级以上白砂糖，干燥、松散、洁白，含蔗糖99%以上。

（6）植物油　优质精炼植物油。

（7）酱油　味鲜、色浓、无异味、深褐色，氯化钠含量≤18%。

（8）食醋　酸味适中。

（9）豆豉　干燥、饱满、色香、无异味。

（10）大蒜　当年产新鲜大蒜，不出芽、无霉烂、不干瘪。

（11）干红辣椒　辣味浓、干燥、洁净、无杂质、无虫蛀、无萎缩现象，水分含量≤15％。

(12) 味精 谷氨酸钠含量80％以上。

(13) 其他辅料 市购，均需符合食品卫生要求。

2. 配方 新鲜田螺50千克，精盐2.5千克，菜油4千克，味精450克，鲜姜5千克，大蒜1.5千克，胡椒250克，辣椒粉250克，八角粉30克，桂皮150克，陈皮150克，料酒1.8千克。

3. 工艺流程

活田螺→饿养→洗涤→水煮→挑肉→去内脏→洗涤→搓盐、碱→洗涤→预煮→配料→配汤→装罐→封口→杀菌→冷却→成品

4. 操作要点

(1) 田螺饿养 将鲜田螺放在盛有清水的缸内浸泡12～24小时，也可在水里放少许食盐和菜油，促使田螺快速吐尘。

(2) 分级修整 适于加工的田螺为3～6克/个，按重量大小可分成2～3个等级，然后用去尾器除去其尾部并修平，去除程度以留2个螺纹为度。

(3) 盐碱水渍 将修整后的田螺立即放入2％食盐和3％小苏打水中15～30分钟，液温保持在10℃以下，使部分细菌脱水死亡和使田螺脱水脱脂。

(4) 漂洗沥干 将田螺倒入漂洗槽中，漂洗30分钟左右，漂洗水温宜在10℃以下，漂洗除去其中所含泥沙和外壳碎片，洗净后沥干备用。

(5) 挑肉、去内脏 将适量田螺于夹层锅内加热煮沸2～3分钟，逐个挑出田螺肉，撕除内脏、脑、消化系统和生殖系统等部分，去除角质硬盖，防止损伤螺肉及外壳膜。

(6) 洗涤 进一步洗去螺肉的泥沙与杂质。

(7) 搓盐、碱 加入螺肉重5％～8％的粗盐，2％～3％的食用碱，搓洗5～10分钟，立即用水洗去黏液及杂质。

(8) 预煮 加螺肉于夹层锅内，煮沸2～3分钟，及时冷透，应充分洗涤干净。或者油炸调味，将菜油（螺肉1份，菜油2份）放在锅内，待油冒白烟时，投入脱跖田螺，时间2～3分钟，至田螺肉为金黄色为止。然后，趁热浸入调味液中约1分钟，取出。

(9) 配汤 姜1.3千克，洋葱2.5千克，葱0.9千克，砂糖0.5千克，精盐6.0千克，黄酒2.1千克，味精0.4千克，五香粉0.2千克，预煮汤82千克，红干辣椒5千克。制作方法：姜、洋葱切碎，香辛料、红干辣椒与水在锅内微沸约15分钟，再加入其他配料溶解过滤，最后加入酒和味精，总得量为100千克。

（10）装罐、加汤　装罐完毕后，加入汤液。

（11）包装杀菌　调制好的田螺，尽快用聚酯—铝箔—聚丙烯复合袋装袋，每袋100克，用真空封口机封口。装袋时不要污染袋口，除去破裂及封口不良袋，并擦干袋表水分，杀菌公式：15分钟—70分钟/118℃，冷却至38℃。

（12）保温检验　田螺软罐头装入塑料筐，置37℃保温库中，7天后剔除胀袋并装箱，同时按产品质量标准进行检验。

（三）即食风味田螺肉的加工

1. 原料

（1）田螺　采用鲜活的带壳田螺，清洁无污物，无死螺，取自非污染水域，大小为每只横径在2厘米以上。

（2）姜　新鲜饱满、组织脆嫩、含粗纤维少、无霉烂、香辣味强、不带杂臭味。

（3）洋葱　组织脆嫩、新鲜、不抽薹、无烂。

（4）香葱　新鲜，无霉烂。

（5）砂糖　洁白，不带杂质。

（6）盐　洁白、细腻、无异味。

（7）料酒　色黄、澄清、醇味正常，酒精12度以上。

（8）酱油　味鲜、无异味、深褐色。

（9）干红辣椒　为成熟辣椒干燥而成，无萎缩现象，水分在15%以内，洁净，无杂质、无虫蛀。

（10）高温蒸煮袋　采用3层复合箔袋，规格为100毫米×120毫米，空气透过率接近零。

2. 配方　调味汤液配方：香料汤汁100千克，精盐6千克，白糖10.5千克，黄酒5千克，味精0.4千克，鲜味剂（I+G）0.05千克，陈醋0.8千克，酱油8.5千克。

香料汤汁制作：先将姜5千克、洋葱2.5千克切碎，再将香辛料（丁香0.1千克，桂皮0.3千克，八角0.5千克，肉豆蔻0.3千克，香叶0.1千克，花椒0.5千克，陈皮0.3千克，茴香0.2千克）、辣椒粉2.5千克与115千克水在锅内煮沸1小时，去渣后加入其他配料溶解过滤，可得总量为100千克的香料汤汁。

3. 工艺流程

活田螺→饿养→洗涤→水煮→挑肉→去内脏→洗涤→搓盐、碱→清洗→调味、配汤、配料、预煮→油炸→装袋→封口→杀菌→冷却→保温检验→成品

4. 操作要点

（1）水煮　经饿养的田螺（剔除死螺），用水冲洗掉污物及泥沙等杂质，于夹层锅内加热煮沸 2～3 分钟（以肉易于挑出为度），逐个挑出田螺肉。

（2）去内脏　撕去内脏、脑、消化系统和生殖系统等部分，去除角质硬盖，防止损伤螺肉及外壳膜。

（3）洗涤　洗去螺肉的泥沙与杂质。

（4）搓盐、碱　加入螺肉重 5％～8％ 的粗盐、2％～3％ 的食用碱，放入打螺机内搅拌洗涤 2～5 分钟，立即用水洗去黏液及杂质。

（5）预煮　将螺肉放入夹层锅内煮沸的水（内加 0.1％ 柠檬酸、2.5％ 盐、2％ 姜）中 15～20 分钟，再用冷水冲洗，并不断翻动，把姜及田螺的大部分角质冲洗掉，控干水分。

（6）油炸　将油量 10％ 左右的预煮后的田螺肉投入 180℃ 左右的植物油中，油炸 3～4 分钟，脱水率控制在 45％～50％。油温与油炸时间一定要控制好，以田螺肉炸透为宜。

（7）调味　油炸沥油后趁热浸入调味汤液中 1 分钟，捞出沥干，称量装袋。

（8）装袋　准确称取 100 克田螺肉装袋，然后立即封口。

（9）排气及密封　抽气密封。

（10）杀菌及冷却　杀菌公式为：10 分钟—20 分钟—15 分钟/121℃。

5. 产品质量标准

（1）感官指标　肉色为浅褐色或浅黑色，具有田螺肉烹制后的浓郁香味及滋味，质地柔嫩适度，无杂质、无异味。

（2）理化指标　净重（100±3）克，氯化钠含量为 1.5％～2.0％。

（3）微生物指标　达到商业无菌。

二、螺壳制备柠檬酸钙

（一）原料

原料田螺壳要求清洁无污物，壳表面光滑无肋，具有细密面明显的生长线，有时在体螺层上形成褶襞，壳面黄褐色或绿褐色。

（二）工艺流程

田螺壳→清洗→晾干→粉碎→煅烧→贝壳灰分→稀盐酸溶解→过滤→滤液

→碳酸钠沉淀钙离子→碳酸钙沉淀→抽滤分离→洗涤→烘干→碳酸钙粉末→煅烧→氧化钙粉末→调制石灰乳→柠檬酸中和→加热→沉淀→抽滤分离→洗涤→柠檬酸钙→干燥→成品

(三) 操作要点

1. 预处理 田螺壳先用自来水冲洗，除去泥土及黏附的杂质，然后用浓盐酸搅拌清洗 3 次，再用清水漂洗，除去贝壳表面的色素层和少量可溶性有机质。晾干，置干燥箱内 110℃左右烘干 2 小时后取出、粉碎，得到实验用贝壳粉，备用。

2. 柠檬酸钙的制备 称取一定量的贝壳粉，在马弗炉内高温煅烧一定时间，得到白色贝壳灰分氧化钙，准确称取 1.0 克氧化钙，分批加入到 10 毫升 0.2 克/毫升的柠檬酸溶液中，加热搅拌，于 60℃下中和反应 1 小时，常温放置结晶 2 小时，过滤并水洗至滤液呈中性，抽干，于 120℃下干燥 2 小时，得到白色粉末状的柠檬酸钙。

第三节 蜗牛产品的加工

一、蜗牛冻肉的加工

(一) 原料

蜗牛大小应控制在 25～80 克之间为宜，蜗牛健康活跃，状态良好、体肉丰满，不得混有病螺、死螺和破壳严重的蜗牛。蜗牛肉呈褐色而不发黑，蜗牛表面湿润，但不积水、不含有泥沙、青苔等杂质。

(二) 工艺流程

蜗牛→前处理→杀青→去壳取肉→清洗→第一次蒸煮→冷却→第二次蒸煮→冷却→挑选整理→分级→急冻→包装

(三) 操作要点

1. 挑选 将收购的蜗牛经过挑选，然后再进行处理。

2. 前处理 将食盐适量地撒于鲜活商品蜗牛堆上，并搅拌混匀，使蜗牛肉体均收缩于螺壳中，或将鲜活商品蜗牛浸入 10％食盐水池中，浸置 5 分钟，使蜗牛收缩完全即可。

3. **杀青** 将前处理过的鲜活商品蜗牛立即移至沸腾的水锅中，蒸煮 10 分钟后即可取出摘肉。

4. **去壳取肉** 杀青后可用尖刀或锋利的钢钎将蜗牛肉从螺壳内挑出，去掉头足，除去内脏和螺壳。操作中应注意在螺肉中是否掺杂有内脏、卵和螺壳等，若有，也应除去。

5. **清洗** 将取得的蜗牛肉用 5% 的盐水清洗，以除去污秽物。

6. **蒸煮** 蒸煮可分为第一次蒸煮和第二次蒸煮，第一次蒸煮需要用沸腾水煮 30 分钟，捞出冷却，然后再进行第二次蒸煮，此次蒸煮时间只需 10 分钟。

7. **挑选整理** 可利用挑拣机或人工将已蒸煮过的蜗牛肉分大小进行挑选，如果发现蜗牛未完全收缩成团者应剔除。同时，若发现螺肉附有内脏、碎壳等，也应做适当的修整或剔除。

8. **分级** 一般冻蜗牛肉可分为四级。一级是每只 3～5 克，二级是 5～7 克，三级是 7～9 克，四级是 9～11 克。

9. **急冻** 分级后的蜗牛肉必须及时进行急冻冷藏处理，以免蜗牛肉变质。之后包冰、包装、交货出口。

二、清水蜗牛罐头的加工

(一) 原料

同蜗牛冻肉的加工。

(二) 工艺流程

原料蜗牛肉→验收→清洗→挑选→蒸煮→修整→计数装罐→过秤→充液→脱气→封罐→杀菌→冷却→成品→拭罐→进仓→打检→包装→检验→出货

(三) 操作要点

1. **原料蜗牛肉及验收** 原料蜗牛肉一般由冷冻厂供给或由鲜活蜗牛直接加工而成，但均须新鲜，规格一致，应按合格品标准加以验收。

2. **清洗** 将原料蜗牛肉以 5% 的食盐水或 2 毫克/千克的漂白粉水洗涤，以除去污秽物及杀灭大肠杆菌等。

3. **挑选** 蜗牛肉按大小挑选，可采用挑选机或人工来进行。一般清水蜗牛罐头的原料肉以 3～14 克较为适合，其大小可分为五级：一级每只 3～5 克，二级 6～7 克，三级 8～10 克，四级 11～12 克，五级 13～14 克。

4. **蒸煮** 通常用以加工蜗牛罐头的蜗牛肉仅经杀青而已，故蜗牛肉有部分尚未煮熟，如果就此将其冷藏备用，则易发生烂心现象。因此，须将原料蜗牛肉再以 96～98℃的沸水煮 20 分钟。

5. **修整** 将附带有内脏、外壳、卵粒的蜗牛以及碎肉等加以清除，并做适当修整。

6. **计数装罐与过秤** 目前我国出口的蜗牛罐头规格均是依据外商的要求来确定的。

7. **充液、脱气** 蜗牛肉装罐后，需要添加含有香辛料的汤液。香辛料通常以胡椒、肉桂、丁香为主，另外还要添加其他调料和盐，然后迅速脱气、封罐。

8. **杀菌** 罐头的型号不同，其杀菌的条件略有不同。鲔二号、六号罐杀菌的温度为 121℃，需要 25 分钟时间；四号罐为 121℃，需要 30 分钟时间；二号罐为 121℃，需要 35 分钟时间即可。

9. **包装** 包装罐头时，应注意罐内的内容物、所装的颗粒数是否与标签相符。另外，罐头制作好后，必须经过 10～15 天的贮存，再进行打检工作，看是否有胀罐、漏气等，剔除不合格的罐头，才能检验出厂。

三、五香蜗牛罐头的加工

（一）原辅料

1. **原料** 同蜗牛冻肉的加工。

2. **辅料** 食盐、白砂糖、酱油、味精、鲜味剂（I＋G）、酵母提取物、料酒、红辣椒、八角、桂皮、花椒、姜、葱等。

（二）工艺流程

原料预处理→原料验收→分级清洗→浸泡→预煮→冷却→处理→去黏液→调味、烹煮→装罐→真空封口→杀菌→冷却→包装→检验→成品

（三）操作要点

1. **原料预处理** 蜗牛在收购前要将蜗牛离土静养十天，经常喷水并喂些洗净的蔬菜催肥。

2. **盐水浸泡** 6％的盐水 2 份，蜗牛 1 份，按从小至大的先后顺序浸泡，

浸泡时间为 0.5～1.5 小时先浸泡的蜗牛先预煮。

3. 预煮 水加热至沸腾，再将蜗牛倒入沸水中蒸煮，蜗牛：水＝1：3～4，等水沸后开始计时，蒸煮时间为 8～15 分钟。

4. 冷却与处理 预煮后需将蜗牛迅速冷却透，然后进入处理工序进行处理。用不锈钢制成丁字形叉，将蜗牛壳里的肉掏出，并摘除其内脏，然后分级盛装。

5. 去黏液 去除内脏的蜗牛肉漂洗 1 次，再用食盐擦洗，把蜗牛黏液洗掉，然后漂洗片刻，去残留盐分，淋干。

6. 调味、烹煮

(1) 香料液配制 在不锈钢夹层锅中加入 10～15 千克水，然后将茴香 200 克、花椒 150 克、桂皮 120 克、姜 1 000 克混合后加入锅中，加热微沸 2～3 小时，回收 5 千克，过滤备用。

(2) 糖浆制备 配成 70％的糖浆，过滤备用。

(3) 辣油制备 把红辣椒粉倒入已加热至 80℃的食用植物油，油：红辣椒粉＝4：1，搅拌混合均匀，静置 6～8 小时，取上层澄清辣油过滤备用。

(4) 配方 蜗牛肉 78.2％，酱油 2.3％，糖浆 6.8％，香料液 2.8％，辣油 6.1％，红辣椒粉 1.5％，精盐 1.2％，料酒 0.4％，味精、I＋G 适量，酵母提取物 0.7％。

将预煮好的蜗牛肉倒入盛有加热辣油的不锈钢双重锅中，加入红辣椒粉、糖浆、精盐、香料液，加热炒拌均匀，再加入味精和料酒，炒拌均匀后出锅，整个炒制时间约 7 分钟，出锅后倒入有孔漏盆中，淋出辣油，即送往装罐处。

7. 装罐 空罐用 82℃以上的热水清洗消毒、淋干备用。趁热装罐，每罐装固形物 130 克，加辣油 15 克，真空封口。

8. 杀菌 杀菌公式为 15 分钟—20 分钟/127℃。冷却至 30～40℃。

四、蜗牛蛋白粉的加工

(一) 原料

同蜗牛冻肉的加工。

(二) 工艺流程

原料预处理→原料验收→浸泡→预煮→冷却→处理→去黏液、内脏→螺肉匀浆→水解→分离→浓缩、干燥→冷却→包装→检验→成品

（三）操作要点

1. 除杂　配制氯化钠浓度为 12％（120 克/升）的盐水，用冰乙酸调节 pH 为 4.5～5.5，取 5 月龄左右的白玉蜗牛，用清水洗净后浸泡于盐水中 30～60 分钟，期间缓慢搅拌使蜗牛释放出黏液及杂质。

2. 取肉　捞出蜗牛，再次用清水冲洗干净后投入沸水中煮沸 20 分钟，取出蜗牛放入冷水中迅速冷却，然后破壳取肉。

3. 去黏液、内脏　用明矾或食盐洗去蜗牛黏液，再次放入沸水中煮 20 分钟，取出后放入冷水中快速冷却，然后挑出螺肉，去掉内脏。

4. 匀浆　称取 10 千克螺肉，向螺肉中加入 5 倍重量的纯净水，先用高速组织匀浆机粉碎，再用胶体磨进一步破碎，然后用 100～120 目不锈钢筛网过滤，收集滤液，用真空泵吸入水解反应釜。

5. 水解　在搅拌下，用 20％氢氧化钠调节匀浆液 pH 为 8.5～9.5，然后向反应釜夹层中通入蒸汽，升温至 50～55℃，加入胰蛋白酶 25～35 克，水解 60 分钟。

6. 分离　用 10％盐酸调节蜗牛肉水解液 pH 至 5.0～5.5，然后用离心机以 4 000 转/分钟离心 15 分钟，弃沉淀，收集上清液并转移至油水分离器中，静置冷却至常温。

7. 浓缩、干燥　从油水分离器中放出上层油脂，将下层水解液用真空浓缩机于 75～85℃、－0.08～－0.06 兆帕下浓缩至固形物含量为 15％～25％时，泵入离心式喷雾干燥机中干燥。将水解蜗牛蛋白粉进行真空负压包装，获得水解蜗牛蛋白粉。

五、蜗牛酶的加工

（一）原料

同蜗牛冻肉的加工。

（二）工艺流程

原料预处理→原料验收→清水饿养→去外壳→吸取消化液→分离→冻干→包装→检验→成品

（三）操作要点

1. 取材　将蜗牛饿养 2 天，用清水洗净外壳，然后去外壳，剥离出消化道，用吸管从蜗牛的嗉囊及胃中吸出红棕色的消化液。

2. 分离　将消化液用低温冷冻离心机于 0～5℃下，以 1 000 转/分处理 10 分钟，收集上层清液，用 0.22 微米的微孔滤膜抽滤。

3. 冻干　收集抽滤液，分装于冻干瓶中，置于冷冻干燥机中于 -20～0℃ 进行冷冻真空干燥，获得棕褐色蜗牛酶。

4. 包装　将蜗牛酶磨粉，真空负压包装，获得蜗牛生物酶。

另一种取酶方法是先用刀剥去蜗牛外壳，在外壳顶部胃的两侧取出左右两叶肝脏捣碎，加入 pH 为 4 的醋酸缓冲溶液作溶剂，配制 15%～50% 的肝脏溶液浸渍 1～2 小时，用两层纱布（中间夹消毒棉花）过滤，即得蜗牛肝脏浸出液。

第六章

昆虫类产品加工 >>>>>

第一节 昆虫类动物食品简介

一、可食用的种类

世界上的昆虫约有 100 多万种，目前已知可食用的昆虫就达 3 650 余种，我国大约有 800 多种，如蚕蛹、蝉、苍蝇、蝴蝶、豆天蛾、蛀虫、白蚁、蜜蜂等。绝大多数食用昆虫具有蛋白质含量高、低脂肪、低胆固醇、营养结构合理、肉质纤维少、易吸收、微量元素丰富的特点，是优于肉蛋类的最大的动物蛋白质源。我国各地作为食物食用的昆虫约有数十种。

二、昆虫食品的特点

昆虫食品就是以昆虫作为食品。昆虫之所以是人类可以依赖的蛋白质资源，不仅仅是因为昆虫的蛋白质含量高，还因为昆虫是动物界中最大的种群。据生物学家估计，全球昆虫总重量可能超过其他所有动物重量的总和，是人类生物量的 10 倍以上。因此，随着世界人口愈来愈多和蛋白质供应日益短缺，昆虫食品将是解决这一问题的重要途径。事实上，在非洲南部的一些地区，居民摄入的动物蛋白质中就有 2/3 来自昆虫。

昆虫食品的优点主要表现在：

（1）昆虫的蛋白质含量高。

（2）人体必需氨基酸含量高，氨基酸种类齐全。

（3）食用昆虫的脂肪含量和热值变化较大。

（4）食用昆虫富含维生素、微量元素和矿物质。

（5）具有保健功能。

（6）昆虫繁殖率高，因而昆虫食品供应量大。

（7）出产品快。

（8）投入少。

（9）用途广。

第二节 蝗虫产品的加工

一、蝗虫的价值和初加工工艺

（一）蝗虫的食用价值

蝗虫是昆虫纲中蛋白质含量较高的一类昆虫，平均蛋白质含量达 67.9%，最高达 77.13%。蝗虫还富含碳水化合物，维生素 A、B 族维生素、维生素 C 和磷、钙、铁、锌、锰等元素，以及昆虫激素等活性物质，其氨基酸含量相当丰富，比鱼类高 1.8%～28.2%，比肉类、大豆都高。其含有丰富的甲壳素，甲壳素被誉为继糖、蛋白质、脂肪、维生素、矿物质之后人体生命的第六要素。

（二）蝗虫的药用价值

蝗虫不但是美味佳肴，而且还是治病良药，可鲜用或干用入药，具有止咳平喘、解毒、透疹等功能，入药可用于治疗百日咳、支气管哮喘、小儿惊风、咽喉肿痛、疹出不畅等，外用可治疗中耳炎。经霜的蝗虫可治疗菌痢、肠炎等。它可以单用或配伍使用治疗多种疾病，如治疗破伤风、风湿、痉挛，也可用于治疗支气管炎等，并且还有降压、减肥降脂、降低胆固醇、滋补强壮、健脾的功能，久食可防止心脑血管疾病的发生，可谓一吃多得。

（三）蝗虫（蚱蜢）的初加工工艺

1. 工艺流程　分选→分级→保鲜→干燥→加工利用

2. 操作要点

（1）净化分选以及分级分流　野外捕获的蝗虫鲜体物料应该进行风力或重力分选的净化除杂和品质分级等，获得食用、饲用、出口及药用等品级，分别供应餐饮、养殖、外贸等部门。

（2）保鲜储藏和干燥加工　对烹饪食用和鲜体出口等需求，应该建立保鲜储藏的生产机构；对于储备饲用和深加工的需求，应该建立鲜体蝗虫的脱水干燥生产环节，以及蝗虫粉加工生产工艺。

二、常见的蝗虫制品加工工艺

（一）传统加工技术

1. 油炸（煎）蝗虫的制法

秋季蝗虫在产卵前雌虫体内卵粒饱满。捕捉此时的蝗虫，去翅，将其头掐下，连同肠胃一并拉出，洗净后用盐水浸泡，捞起晒干后即可油煎或油炸，煎（炸）至蜡黄色即可食用。酥脆可口、营养丰富。

2. 蛇饼卷蚂蚱的制法

蝗虫在有些地方称蚂蚱，其秋天体内积累营养物质较多，尤以雌虫体内充满卵粒，更显肥胖。将其捕获后，去翅，揪掉头并带出肠胃，洗净，最好再用盐水浸泡一下，晒干后放入滚烫的油中煎炸至焦黄，捞出，撒适量的细精盐、葱花、酱油、麻油，再用热烙饼卷起食用，味美可口。

3. 飞蝗腾达

将蝗虫用浓盐水清洗，将水控干，油炸后即可食用。或将蝗虫直接用油炸，而后蘸椒盐食用，味美如虾。

4. 酥炸蝗虫

用面粉、鸡蛋调成糊，将蝗虫沾一层糊，用油炸至黄、脆后食用。蝗虫可以先用盐水浸泡一下。

5. 红烧蝗虫

先将蝗虫用油炸，或用油煸炒，再放入少许花椒、葱、姜炒一下，而后用适量酱油、黄油糖炒，再加入适量的水烧焖，即成。

（二）香脆蝗虫食品的加工工艺

1. 排便 活蝗虫经挑选后，集中到蝗虫笼或网箱以及其他透气的容器中，停食1～2天使蝗虫排出粪便。

2. 噙吐口液 将排便后的活蝗虫倒入清水或盐水中5～15分钟，使蝗虫噙吐排出口液，捞出晾干。

3. 油炸 将排便、吐口液后的活蝗虫直接入温控油炸机或油锅。或是将蝗虫去掉翅膀、腿、头后入温控油炸机或是油锅，控制油温120～180℃，油炸3～10分钟，且油炸蝗虫的油温最好是由低到高，至蝗虫炸成金黄色为止。出油炸机或油锅，撇掉浮油，在自然空气中爆脆后或是真空脱油至干脆后包装。

4. 包装　将油炸爆脆的蝗虫直接入真空包装机进行定量真空包装，或是入充氮包装机定量充氮包装。在包装前拌入佐料，或在包装袋内放置佐料袋后再封袋包装，制成能直接食用的脆香蝗虫食品。

该蝗虫食品酥脆浓香、鲜美独特、味香可口，在常温条件下保质期可达12个月。

（三）优质蝗虫干的加工

活蝗虫经排便、嚼吐口液等工序处理后，捞出晾干或用微波烘干机烘干，即为成品。

（四）蝗虫罐头食品的加工

工艺流程
杀死虫体→脱色除臭→清洗→研磨→压制成型→调味→装罐→排气密封→灭菌→冷却→打检

（五）蝗虫深加工

1. 蝗虫黄酮的提取方法　现代医学研究表明，黄酮类物质具有抗癌、抗肿瘤、保护心脑血管、抗炎镇痛、调节免疫力、抑菌抗病毒等作用。
工艺流程
蝗虫→干燥→粉碎→石油醚脱脂→提取→过滤→大孔树脂吸附→浓缩→干燥→产品
2. 中华稻蝗氨基酸营养液的加工
工艺流程
中华稻蝗成虫→匀浆→木瓜蛋白酶酶解→加热灭活→粗过滤→脱腥处理→脱臭（脱苦）处理→澄清→调味→澄清（微滤）→灭菌灌装→抽样检测

第三节　蛹类产品的加工

一、蚕蛹的养殖及蚕蛹制品的加工工艺

蚕蛹是蚕虫吐完丝后死亡的尸体，是蚕丝工业的副产品。蚕蛹分为桑蚕蛹和柞蚕蛹。我国江苏、浙江、广东、湖南、湖北、四川和广东、广西、陕西等地是桑蚕产区，辽宁、山东、河南是柞蚕的主要产区，每年都有大量蚕蛹

产出。

（一）柞蚕蛹的养殖

柞蚕是一种重要的绢丝昆虫。柞蚕为多食性昆虫，最喜欢取食的植物为辽东栎、麻栎和栓皮栎。小蚕喜食嫩叶，大蚕取食较老的叶片，五龄幼虫食量大，约占幼虫期取食量的80％。小蚕对青光、紫光有很强的趋性。幼虫在取食阶段，总是先爬到植物枝条顶端，自上而下依次食叶。柞蚕幼虫对 18～25℃的最适温度有明显的趋性。由于柞蚕蛹体内含有较多的蛋白质、脂肪、碳水化合物及钙、磷等元素，尤其是人体必需的赖氨酸、色氨酸等 8 种氨基酸含量很丰富。因此，柞蚕是很有开发前途的食用昆虫。

（二）蚕蛹制品的加工工艺

蚕蛹含有丰富的蛋白质、脂肪、不饱和脂肪酸，以及甘油醇、卵磷脂、甾醇、维生素、多种矿物元素等。我国每年产鲜蚕蛹 30 余万吨，有很好的开发前景。

1. 传统蚕蛹食品的加工

（1）香酥松塔蛹

①原料　初加工蚕蛹200 克，鸡蛋 1 个，面粉 25 克，淀粉 25 克，精盐、味精适量，花椒干、红辣椒、白芝麻适量，花生油 250 克，油菜叶适量。

②制作方法　将面粉、淀粉加水和少许精盐调成面浆，打入鸡蛋搅拌均匀；油菜叶洗净后去掉水分，切成细丝；将初加工蚕蛹沥干汤汁，用剪刀从头部向下剪出开口使蛹呈松塔状。将油烧至六成热，放入油菜叶丝，炸熟并捞出沥油后装入盘底，将油再烧至六成热，用筷子夹松塔蛹在蛋糊中沾匀，入油锅炸至蛹壳硬挺时捞出，炸完后将油温升至八成热，再将炸过的蛹倒入复炸至外壳酥脆。捞出装盘，撒上香辣酥味盐即可。

（2）烤蚕蛹串

①原料　初加工蚕蛹 60 只，精盐、辣椒粉、胡椒粉适量，花生油少许。

②制作方法　先用牙签在蛹体上扎些孔洞后，用扦子穿成 10 串，在盘内及蛹体上刷上花生油。将蛹放入烤盘内，预热后在 200℃下烤 8 分钟，撒上佐料，翻过来烤 4 分钟，再撒上佐料，出箱。成品油亮脆香。

（3）香蛹扒菜心

①原料　初加工蚕蛹 150 克，油菜心 400 克，熟猪油、酱油、味精、白糖、鸡汤、水淀粉适量，盐、姜末少许。

②制作方法 油菜去外帮，只留心叶 3 片，洗净，在根部切十字刀口。炒锅烧热后放底油煸炒菜心片刻，加适量鸡汤，小火焖 5 分钟至透烂，加盐、味精，将菜心叶向里、根向外排在盘内，锅中汤汁烧开后勾芡浇在菜心上。炒锅洗净后烧热并加底油、放姜末，炒出香味后投入蚕蛹，旺火煸炒片刻后加酱油等配料，勾稀芡，淋香油，出锅放在油菜心上。产品黑白分明，色泽美，清香利口，味鲜。

（4）麻辣蚕宝 将蚕蛹洗净，加葱、姜、酒、盐煮沸，捞出，加味精、蒜泥搅拌；将花椒果去子与辣油下锅油炸，待炸至麻辣味溢出时捞出花椒果；将蚕蛹倒入麻辣油中拌匀即成。

（5）醋熘蚕蛹 将蚕蛹洗净，取出沥水，投入锅中用油煸炒，然后用醋烹，加少许糖，取出装盘。

（6）五香酱蚕宝 将蚕蛹加五香、盐，在锅中烧熟，然后再加入甜酱稍加炒动即可。

（7）清蒸蚕蛹 将蚕蛹洗净后放入盛器内，加火腿片、笋片、葱花、姜末和佐料拌匀，置于蒸笼或锅中隔水蒸熟，取出后再浇少许麻油或胡椒粉即成。

（8）银耳蚕蛹 将银耳洗净后放入锅中煮熟，然后投入一些鲜蚕蛹，煮沸，再加糖、桂花、龙眼等，稍煮即可。

2. 蚕蛹复合氨基酸的制备

蚕蛹预处理（清洗、除杂、干燥、磨粉）→脱脂→蛋白酶水溶液→酶水解→酶失活→离心→上清液活性炭脱色→离心→除去活性炭→淡黄色蛋白水解液→蚕蛹蛋白口服液和饮料

根据蚕蛹蛋白质含量高、氨基酸种类多的特点，对其蛋白质进行水解，制成可供食用或医用的复合氨基酸型营养强化剂或口服液。因蚕蛹脂肪含量高达30％且有强烈异味，所以在对蚕蛹水解前先进行脱脂处理，一般采用干蛹浸出法提炼蛹油后，即成脱脂蚕蛹。

（1）盐酸水解

工艺流程

脱脂蚕蛹→粉碎→配制成 10％～12％浊液→加盐酸调 pH 至 1 左右→加热至 90～100℃→水解 10 小时→过滤→滤液→加活性炭（35～40℃，30 分钟）→去除活性炭→复合氨基酸

此法工艺简单、蛋白质利用率高、制成品氨基酸含量高，但设备要求高、耗酸大、产品颜色深。

（2）酶水解 酶具有用量少、作用条件温和等特点。根据目前市场上能购

买到的蛋白酶，以利用木瓜蛋白酶、胰蛋白酶水解蚕蛹蛋白质较为理想。

工艺流程

脱脂蚕蛹→粉碎→配成 10％～12％浊液→加木瓜蛋白酶 2％或胰蛋白酶 1％，调 pH 至 6.5～7→加热至 50℃，保持 8 小时→水解酶失活（80℃，15 分钟）→过滤→加活性炭（35～40℃，30 分钟）→去活性炭→复合氨基酸

该法反应条件要求低、成本低，产品外观和口感较好，但得率低，氨基酸种类比盐酸水解蛋白质要少。此法适宜生产口服液。

以上两种方法均能生产出优质复合氨基酸，如果先用酶水解再用盐酸水解效果将更佳。

二、蝉蛹制品的加工工艺

蝉也叫"知了"，主要分布于河北、陕西、江苏、广东、云南等地。蝉是一种果树害虫，刺吸树干汁液，危害苹果、桃、李、樱桃、梨、葡萄、柑橘等。

蝉是一种重要的资源昆虫，具有食用和药用价值。蝉蛹营养丰富、味道鲜美，系美味佳肴。过去，蝉蛹靠人工采挖，远不能满足市场需要。

蝉蛹含有丰富的蛋白质和多种氨基酸，是体弱、病后、老人、妇女产后的高级营养补品。蝉蛹能产生具有药理学活性的物质，可有效提高人体内白细胞水平，从而提高人体免疫力。蝉蛹油可以降血脂、降胆固醇，对治疗高胆固醇血症和改善肝功能有显著作用。

蝉的加工设备简单、投资较少，只需具备清洗、浸渍、烹炸和熏蒸等条件，有生产罐头的压盖、灭菌设备等即可批量生产。蝉的深加工除可以将其烘干、磨粉后配以辅料制成蝉饮料，也可将其添加到饼干、面包等糕点中制成高蛋白营养食品。

（一）干煸蝉蛹的制作

1. 原料　蝉蛹 250 克左右，芹菜两根（洗净切斜条），辣椒丝、盐、花椒粉、孜然粉适量。

2. 制作方法

（1）将蝉蛹洗净、放入沸水中煮 10 分钟左右捞出晾凉，切开取出黑色物。

（2）把盐、花椒粉、孜然粉放在切开的蝉蛹里，让调料均匀地粘在蝉蛹上，放置 15 分钟入味。

（3）炒锅内放入多量油烧热，投入辣椒丝，放蝉蛹，不停翻炒。这一步非常重要。

（4）炒到油消失，且翻动蝉蛹时有沙沙的声响，此时就可以把芹菜放入锅内与蝉蛹一起翻炒两下后出锅，装盘即为成品。

3. 特色　香辣、皮脆。

（二）油炸蝉蛹

1. 原料　蝉蛹适量，盐水 700 克，油 100 克，精盐、味精、孜然适量。

2. 制作方法

（1）取适量蝉蛹，下沸水锅，10 分钟后捞出。

（2）经沸水煮过的蝉蛹用盐水泡半个小时或放在盐水锅里煮一段时间。

（3）油锅烧至四成热后下锅炸，锅里加入的油不要太多，炸至酥脆。

（4）等油加热到六七成热时把蝉蛹倒入锅里不停翻炒，直到蝉衣变成金黄色时停止翻炒，然后放入细盐和味精、孜然，装盘即成。

3. 特色　原汁原味、酥脆可口。

（三）烧烤蝉蛹

蝉蛹倒入脸盆中，用水洗去泥沙，将洗净的蝉蛹撒上一些细盐略加腌渍，用竹签将蝉蛹穿成串，控干水分，最后放在火炉上烤熟。烤熟的蝉蛹吃起来又香又脆。

（四）蝉蛹酥

将蝉蛹用水漂洗一遍，拣出混在蛹中的杂质，用沸水浇烫后滤干，与预先调好的蛋汁混合拌匀，再用竹筷逐只夹起，投入加热至八九成热的油锅内煎炸至熟，捞起，滤油装盘，撒上少许花椒粉便可食用。这道菜外表金黄油润，蝉蛹软润气香、味美可口。

第四节　其他昆虫产品加工

一、蟋蟀产品的加工

蟋蟀又称蛐蛐，常见有家蟋蟀、花生大蟋蟀、烟草大蟋蟀、中华蟋蟀、油葫芦等。植食性或腐食性，其中不少是农作物与牧草的害虫。

（一）药用价值

蟋蟀的干燥成虫可入药，性温、味辛咸。蟋蟀的醇提取物有显著的解热消肿、利尿破瘀的功效。可用于治疗水肿、肝硬化、腹水、小便不通、尿路结石、膀胱神经麻痹、输尿管痉挛、阳痿等病症。

（二）食用价值

蟋蟀是一种味道鲜美的昆虫食品。蟋蟀食用方法多为油炸，尤其是进入秋后的雌性蟋蟀，卵籽满腹，经过油炸后香味更浓。每 100 克蟋蟀含蛋白质高达34％，含氨基酸种类齐全，脂肪含量 34.2％，多为对人体营养极为重要的不含饱和脂肪酸。同时，还富含锌、铁、铜等人体必需的微量元素和维生素 A、B 族维生素等成分，以及 γ-呱基丁酸等呱基化合物。

先将活虫饥饿排粪，再经油炸配料后食用，或以此为主料做成"蛐蛐浓汤"，也可做成清炸蟋蟀。另外，也可将蟋蟀用调味品腌渍入味，再挂上粉糊下油锅炸熟，成品里外酥透，香酥味美。

二、黄粉虫产品的加工

（一）黄粉虫的价值

黄粉虫作为饲料历史悠久，已广泛应用于多种饲养业。近年来除将黄粉虫用作禽类饲料外，还用作药用动物的高级饲料，如蝎子、蛤蚧、牛蛙、鳖、观赏鱼及鸟类。以黄粉虫作为动物饲料可使动物生长快、抗病力强、繁殖量大、存活率高，其饲养效果明显优于蚯蚓、蝇蛆等饲料。

黄粉虫蛋白质含量高，维生素 E、维生素 B_1 和维生素 B_2 等含量丰富，且含有多种有益微量元素，是一种高级的营养品。以黄粉虫为原料制作的食品，可以补充人类动物蛋白的不足。黄粉虫还具一定的保健功能和药用价值。

在开发利用方面，从黄粉虫提取的超氧化物歧化酶（SOD）精品具有极好的抗衰老、抗皱及防病保健功能。已广泛应用于保健及化妆品产业。从黄粉虫提取的 SOD 不仅质量好，且成本低、原料丰富。

（二）黄粉虫加工

可用不同方法将黄粉虫加工成数十种菜肴，并可制作成多种小食品。以黄粉虫制作的烘烤类食品具有昆虫蛋白质的特有香酥风味，适宜制作成咸味食品及添加料。以黄粉虫制作的系列饮品具有乳品及果仁香型口感，适宜制作高蛋白饮料或保健口服液。

1. 黄粉虫原形食品的加工

工艺流程

活虫排杂→清洗→固化→灭菌→脱水→炒拌→烘烤→调味→成品

原料可以是黄粉虫幼虫，也可以用蛹。成品呈蓬松状，金黄色，酥脆而香味浓郁。可调制成五香、麻辣和甜味等多种风味，味道香酥可口、余味深长，可做成小包装方便食品，亦可上餐桌，儿童特别喜欢。

2. 调味粉的加工

工艺流程

活虫排杂→清洗→固化→冷冻→脱水→烘烤→研磨→浓缩→配料→均质→成品

调味粉的加工是将虫子脱水后研磨成粉状，根据需要调味，其品味纯香，后味长久不散，可作调味品调菜或加入各种米面小食品中，使产品营养价值提高，且成本增加甚微。黄粉虫还可制作各种方便面调料。

3. 黄粉虫小食品的制作　将干粉加入米、面小食品，如饼干、酥饼、锅巴及膨化类食品中，不仅可使这些食品的营养价值成倍提高，而且风味独特。

（1）月饼　添加相当于普通月饼料8％的黄粉虫干粉，可使其风味明显改善，加工方法与普通月饼相同。

（2）锅巴　以普通方法加工锅巴，在拌米、面时加入6％黄粉虫干粉（即汉虾粉），其他加工方法相同。加汉虾粉的锅巴有一种特殊的鲜虾风味。

（3）饼干　在饼干原料中加入5％的汉虾粉，制成的饼干不仅具有高蛋白质虫粉的风味，且营养倍增。

黄粉虫作为食品不仅蛋白质含量高、质量好，而且富含多种人体必需的维生素及微量元素，是普通肉类食品达不到的。黄粉虫食品是青少年运动员最佳的营养来源，特别是它可补充青少年主要食品中的维生素和矿物质的不足，而且中国作为缺乏蛋白质来源的国家，发展黄粉虫食品是很有前途的。

三、蝎子产品的加工

（一）蝎子的价值

蝎是一种常用的中药材，也是出口的重要药材品种之一。其有止痉、镇痛、通络、解毒等功效，可治惊风抽搐、中风、风湿痹痛、破伤风、偏头痛、风疹疮肿等。现代药理研究表明，蝎子含有的蝎毒，有一定的抗惊厥作用。此外，它还含有三甲胺、卵磷脂、甜菜碱等在免疫学上具有意义的化学成分。随着对全蝎化学成分的研究深入，其应用也日益广泛。

此外，蝎子营养丰富，在宴会上已受到人们的喜爱，油炸全蝎就是一道名菜。它不仅营养价值高，还具有较强的保健作用。以蝎子为原料或以蝎子为原料之一的菜谱已有几十种之多。

以往靠捕捉野生蝎子作为药材来源，已远不能满足市场需求。近年来各地开展人工养殖，养殖技术也已经成熟。养殖蝎子的饲料来源比较充足，投资较少，而经济效益较为显著，且全国各地均可饲养。

(二) 蝎子加工

1. 药用蝎的加工　蝎子采收后应及时加工，若蝎子死亡，会导致其腐败变质或霉变，降低药用价值和食用价值，造成不必要的经济损失。

(1) 淡全蝎的加工　淡全蝎又叫清水蝎。先将蝎子放在清水盆内浸泡，同时轻轻搅动，洗掉蝎子身上的污物、泥土，并促使蝎子排出粪便和尿液。反复冲洗2～3次，洗干净后捞出，放入沸水中煮20～30分钟，然后捞出放在草席上或盆内晾干或烘干，即为全蝎。

(2) 咸全蝎的加工　咸全蝎又称盐水蝎。加工前先将蝎子放入盆内，加入清水浸泡，洗净蝎子身上的泥土和其他杂物。反复冲洗干净后捞出，放入事先准备好的盐水缸或锅内。盐水以没过蝎子为度，浸泡30分钟至2小时。一般100克活蝎加入300克食盐、5升水，先将食盐在锅内化开，再放入蝎子，浸泡后加热煮蝎，煮到80%以上的蝎子全身僵硬、背部出现凹沟时即可捞出放在草席或竹帘上，置于通风处晾干。千万不能晒干，因为日晒会使蝎子起盐霜，而且会使其质脆易碎。

(3) 蝎酒　取鲜活蝎子50克，用冷开水冲洗干净，放入盛有1 000克50度以上的米酒缸中，可同时加入一些具有祛风湿、活血行气的中草药（如北芪、党参、当归、枸杞子、桂圆肉、红枣等），既可以改善适口性，又能够提高药效。蝎酒具有熄风止痉、通经活络、攻毒散结、滋补壮阳等功效。

(4) 蝎粉　将鲜活蝎用冷开水反复冲洗干净后烘干，最后用粉碎机打成粉，密封于玻璃瓶中，可用来制作胶囊。

药用蝎无论是淡全蝎还是咸全蝎，都应该保证：一是虫体完整，无断肢、断足、断尾；二是身上无盐粒、无污物、无泥沙、无碎屑；三是虫体干，含水量低于10%，具光泽、不返卤。这样的药用蝎质量好、药用价值高、易于保存。

2. 食用蝎的加工 凡采收来作为食品的蝎子，先不宜用清水冲洗，以免生病死亡。宜放大盆中暂养，不要喂食，在盆中可放几块浸了水的海绵块，这样既保温又可给蝎子提供饮水，以达到维持生命、清除肠中粪便的作用，便于烹调。蝎子烹炸后清香酥脆、风味独特，已成为餐桌上的名贵菜之一。

（1）油炸全蝎 取活鲜蝎，冲洗干净，稍停水，放入滚油锅中，亦可打芡入锅，炸至焦黄色时捞出，拌入佐科即可食用。

（2）白灼全蝎 取活鲜蝎，冲洗干净后，放入盛有开水的锅中，煮至变色、变硬时捞起，蘸上酱料即可食用。

（3）全蝎汤 取活鲜蝎，冲洗干净后，放入瓦煲中，加入倍量的瘦肉和少量的枸杞子、淮山药、北芪、党参共煲，1～2小时后即可取汤饮用。

用蝎子作主料，再加上其他佐料，可以经焖、炒、蒸、炖成各种菜肴。

四、蜈蚣产品的加工

（一）蜈蚣的价值

蜈蚣俗称百脚，含有两种类似蜂毒的有毒成分：组胺样物质和溶血性蛋白质。此外，蜈蚣还含有蚁酸、脂肪油、胆固醇、亮氨酸、甘氨酸、丙氨酸、牛磺酸、赖氨酸、谷氨酸等。蜈蚣与不同的药物配伍会有不同的功效，具有抗肿瘤、止痉和抗菌的作用。

我国是世界上药用蜈蚣的主要产地，但随着用量的加大，致使全国药用蜈蚣出现紧缺状态。为扩大药用蜈蚣的货源，不少地区开展了人工饲养。人工饲养蜈蚣投资少、见效快，不占过多劳力，饲料易得，占地面积小，饲养管理方便、简易。

（二）蜈蚣加工

将采收的蜈蚣先用沸水烫死。然后，取一片长宽与蜈蚣基本相等、两端削尖的细竹签或竹片，一头插入蜈蚣的下颚，另一头扎入尾部上端撑起，借竹签的弹力使其撑直，放在阳光下晒干。如遇阴雨天不能及时晒干，可用炭火或其他热源烘干，否则蜈蚣容易腐烂变质，干燥后即可入药或出售给药材收购部门。在操作时，注意不要折头断尾而影响品质。产品贮存在干燥处或石灰缸中，以防生虫、发霉。

参 考 文 献

白水宝.2001.五香蜗牛罐头的研制［J］.食品工业（1）：43-45.

白伟.2004.驴肉干的生产工艺［J］.食品信息与技术7：38.

宾冬梅，钟福生.2003.蛇志［J］.蛇肉的营养与粗加工，15（1）：65-68.

蔡青年.2001.药用食用昆虫养殖［M］.北京：中国农业大学出版社.

陈彤，陈重光.2006.黄粉虫养殖与利用［M］.北京：金盾出版社.

陈泳钢.2005.凤凰香肚的加工工艺［J］.肉类工业（3）：8-9.

崔伏香，刘玺，朱维军.2008.畜肉食品加工大全［M］.中原农民出版社.

戴书林.2003.沛县鼋汁狗肉的制作［J］.农产品加工（2）：26-27.

葛长荣，马美湖.2002.肉与肉制品工艺学［M］.北京：中国轻工业出版社.

郭根聚.2001.传统广饶肴驴肉的生产工艺［J］.肉类研究（1）：26-46.

黄德智.2002.新版肉制品配方［M］.北京：中国轻工业出版社.

劳伯勋.1984.蛇类养殖与利用［M］.合肥：安徽科技出版社.

李开雄，王秀华，杨文侠，等.2000.驴肉火腿的试制与质量控制［J］.肉类研究（3）：
28-30.

刘成江，李开雄.2006.目前国内几种驴肉制品的开发研究［J］.肉类研究（11）：39-40.

刘美玉，任发政，朱茂云，等.2006.临洛关驴肉香肠的加工技术及保鲜方法［J］.食品
研究与开发，37（10）：98-100.

刘希良，葛长荣，卢昭芬，等.1997.肉品工艺学［M］昆明：云南科学技术出版社.

龙隆，杨淑芳.2000.软包装五香驴肉生产工艺及质量控制［J］.肉类研究（2）：28-29.

马美湖.1996.实用特种经济动物养殖技术［M］.长沙：湖南科学技术出版社.

马美湖.2001.现代畜产品加工学［M］.长沙：湖南科学技术出版社.

马美湖.2002.毛皮特种动物深加工工艺与技术［M］.北京：科学技术文献出版社.

马美湖.2002.珍禽野味食品加工工艺与配方［M］.北京：科学技术文献出版社.

马美湖.2008.特种经济动物产品加工新技术［M］.第2版.北京：中国农业出版社.

牟红梅，冯宝民，李红娜，等.2004.獒肉与狗肉营养价值的测定与比较［J］.大连大学
学报，25（6）：45-48.

宋万杰，王建英，陈阳楼.2010.速冻野猪肉丸的加工工艺［J］.肉类工业（11）：4-5.

谭振球.1994.蛇的饲养及产品加工［M］.长沙：湖南科学技术出版社.

王卫.2002.现代肉制品加工实用技术手册［M］.北京：科学技术文献出版社.

王玉田.2006.肉制品加工技术［M］.北京：中国环境科学出版社.

文礼章.2001.食用昆虫养殖与菜谱 [M].北京:中国农业出版社.

夏广金,高荫荪,赵国君.1987.肉制品加工 [M].北京:中国食品出版社.

肖明均.1997.五香狗肉软罐头的加工 [J].肉类工业 (4):30-31.

薛志勇.2009.狗肉药膳八款 [J].东方药膳 (1):22.

颜治,屠大伟,郑诗超,等.2004.驴肉火腿肠的加工工艺 [J].肉类工业 (2):2-3.

杨长举.2001.食用昆虫养殖技术 [M].广州:广东科技出版社.

尤娟,罗永康,张岩春,等.2008.驴肉主要营养成分及与其他畜禽肉的分析比较 [J].
肉类研究 (7):20-22.

张呈军,王永成.2006.刺猬的经济价值与人工养殖技术 [J].经济动物学报 (10):
180-185.

张春荣.2000.驴肉肠的制作方法 [J].肉类工业 (5):18-19.

张宏宇.2001.药用昆虫养殖技术 [M].广州:广东科技出版社.

张孔海,吴斌.2005.调味软包装田螺肉的研制 [J].信阳农业高等专科学校学报,15
(1):36-37.

张荣强,孔繁全.2003.芽菜风味狗肉香肠的研制 [J].养殖技术顾问 (11):48.

赵渤.2002.蝎子、蜈蚣养殖实用技术 [M].北京:中国农业出版社.

赵晨霞.2007.食品加工技术概论 [M].北京:中国农业出版社.

赵志华.2006.五香熏鸭的生产工艺研究 [J].肉类工业 (2):17-18.

钟福生,袁金荣.1999.经济蛇类养殖加工新技术 [M].长沙:湖南科学技术出版社.

钟福生.2000.药用动植物种养加工技术.蛇 [M].北京:中国中医药出版社.

周光宏.2002.畜产品加工学 [M].北京:中国农业出版社.

朱洪强,王全凯,殷树鹏.2007.野猪肉与家猪肉营养成分的比较分析 [J].西北农业学
报,16 (3):54-56.

Malek M, Dekkers J C, Lee H K, et al.2001.Molecular genome scan analysis to identify
chromosomal regions influencing economic traits in the pig [J].Meat and muscle composi-
tion, 6:37-45.

Rule D C, Broughton K S, Shellito S M, et al.2002.Comparison of muscle Fatty acid pro-
files and cholesterol concentrations of bison, beef cattle, elk, and chicken [J].J.
Anim. Sci, 80:1202-1211.

图书在版编目（CIP）数据

特种经济动物产品加工新技术/金永国，马美湖，
张滨主编．—2 版．—北京：中国农业出版社，2013.1
（畜禽水产品加工新技术丛书）
ISBN 978-7-109-17399-6

Ⅰ.①特…　Ⅱ.①金…②马…③张…　Ⅲ.①经济动
物－畜产品－加工　Ⅳ.①TS251

中国版本图书馆 CIP 数据核字（2012）第 278459 号

中国农业出版社出版
（北京市朝阳区农展馆北路 2 号）
（邮政编码 100125）
责任编辑　颜景辰

北京通州皇家印刷厂印刷　　新华书店北京发行所发行
2013 年 1 月第 2 版　　2013 年 1 月第 2 版北京第 1 次印刷

开本：720mm×960mm 1/16　　印张：12.75
字数：210 千字　　印数：1～5 000 册
定价：39.00 元

（凡本版图书出现印刷、装订错误，请向出版社发行部调换）